爆预备完成后，向警戒人员发出第二次信号，然后再向起爆人员发出起爆命令，进行起爆；③起爆后，确认无危险时，爆破区负责人和起爆人员进入爆区进行检查，无问题后，向各警戒人员发出解除警戒信号。

5. 露天矿不稳定边坡的治理方法有：

(1) 削坡与压坡脚：①缓坡清理；②上部减重，压坡脚。

(2) 增大或维持边坡岩体强度：①疏干排水；②爆破滑面；③破坏弱面，回填岩石；④爆破减震；⑤预裂爆破；⑥注浆。

(3) 锚固与支挡：①预应力锚杆（索）加固；②抗滑桩支挡；③挡墙；④超前挡墙法。

段；第一阶段，表面粉也被加热；第二阶段，表面层气化，逸出挥发分；第三阶段，挥发分发生气相燃烧。

3. 防治煤尘爆炸的技术措施：

(1) 防尘措施。生产场所中，空气震荡（爆破的冲击波）等使沉积煤尘重新飞扬起来，这时的煤尘浓度大大超过爆炸下限浓度。所以，减少巷道内的沉积煤尘量并清除出井，是最简单有效的防爆措施。综合防尘措施包括通风排尘、湿式作业、密闭抽尘、净化风流、煤层注水、个体防护等。

(2) 杜绝着火源。保持矿用电气设备完好的防爆性能；加强管理，防止出现电气设备失爆现象；选用非着火性轻合金材料，避免产生危险的摩擦火花；胶带、风筒、电缆等常用的非金属材料必须具有阻燃、抗静电性能；采用阻化剂、凝胶或氮气防止煤柱、采空区残留煤发生自燃；加强瓦斯管理，防止瓦斯爆炸事故的发生。

(3) 撒布岩粉法。这种方法是定期向巷道周边撒布惰性岩粉，用它覆盖沉积在巷道周边上的沉积煤尘。岩粉层在巷道风速很低时，它的黏滞性起到了阻碍沉积煤尘重新飞扬的作用。

4. (1) 直接原因：爆破激起大量煤尘，爆破产生的高温引燃煤尘，导致煤尘爆炸事故发生。

(2) 间接原因：①掘进工作面存在违章指挥、违章作业；②安全技术措施落实不到位；③安全生产规章制度不健全，作业规程不完善；④安全教育培训流于形式，员工安全意识淡薄；⑤该矿没有设置专职安全生产管理人员。

(四)

1. 露天开采工艺主要包括穿孔、爆破、铲装与运输、排岩。

2. 生产台阶正常采掘爆破方法包括浅孔爆破、深孔爆破、药壶爆破、外敷爆破。

(1) 浅孔爆破：在小型矿山的台阶爆破和大型矿山的辅助性爆破，如开出入沟、修路、处理根底及不合格大块等，其直径在50mm左右。

(2) 药壶爆破：可以克服较大的底盘抵抗线，减少钻孔工作量，通常在工作困难的条件下使用。

(3) 外敷爆破：不钻孔进行的大块二次爆破或根底处理。

(4) 深孔爆破：露天矿台阶正常采掘爆破常用的方法，该方法分为齐发爆破、毫秒爆破。

3. 爆破安全警戒距离应符合的要求：

(1) 抛掷爆破（孔深小于45m）：爆破区正向不得小于1 000m，其余方向不得小于600m。

(2) 深孔松动爆破（孔深大于5m）：距爆破区边缘，软岩不得小于100m，硬岩不得小于200m。

(3) 浅孔爆破（孔深小于5m）：无充填预裂爆破，不得小于300m。

(4) 二次爆破：炮眼爆破不得小于200m。

4. 警戒哨与爆破工之间应执行"三联系制"：①爆破区负责人向警戒人员发出第一次信号，确认警戒人员到达警戒地点，所有与爆破无关人员撤出警戒区，设备撤至安全地带，然后警戒人员向爆破区负责人发回安全信号，爆破区负责人令起爆人员作起爆预备；②起

(1) 工作面压力增大，底板鼓起，底鼓量有时可达500mm以上。

(2) 工作面底板产生裂隙，并逐渐增大。

(3) 沿裂隙或煤帮向外渗水，随着裂隙的增大，水量增加，当底板渗水量增大到一定程度时，煤帮渗水可能停止，此时水色时清时浊，底板活动使水变浑浊，底板稳定使水色变清。

(4) 底板破裂，沿裂隙有高压水喷出，并伴有"嘶嘶"声或刺耳水声。

(5) 底板发生"底爆"，伴有巨响，地下水大量涌出，水色呈乳白色或黄色。

3. (1) 煤矿企业、矿井必须在探放水工作中做到"三专"，即专门探放水队伍、专业技术人员、专用探放水设备。水文地质条件复杂、极复杂的煤矿要设立专门防治水机构。

(2) 坚持"预测预报、有疑必探、先探后掘、先治后采"十六字原则，落实"探、防、堵、疏、排、截、监"等综合治理措施。

4. 防治老窑积水要解决以下几个方面的问题：

(1) 克服麻痹侥幸心理，避免疏忽大意。探放水作业必须专人负责，有疑必探，把水放出来才可生产。

(2) 认真分析老窑积水的调查资料。

(3) 制定合理有效的防治对策。

(4) 严密组织探水掘进。

(5) 特别注意近探近放和贯通积水巷道或积水区。

(6) 重视自采自掘采空区废巷积水的探放。

(7) 钻探、物探结合。

(三)

1. 煤尘爆炸需要同时具备以下4个条件：

(1) 煤尘本身具有爆炸性（可燃细粉尘）。

(2) 煤尘悬浮于空气中且达到爆炸浓度极限范围。

(3) 有足够的点火源。

(4) 有可供爆炸的助燃剂。

2. 煤（粉）尘爆炸的特点：

(1) 煤（粉）尘爆炸比可燃物质及可燃气体复杂。

(2) 煤（粉）尘爆炸发生之后，往往会产生二次爆炸。第二次爆炸所造成的灾害往往比第一次爆炸要严重得多。

(3) 煤（粉）尘爆炸的机理。可燃粉尘在空气中燃烧时会释放出能量，这些能量来不及散逸到周围环境中去，致使该空间内气体受到加热并绝热膨胀，而另一方面粉体燃烧时产生大量的气体、会使体系形成局部高压，产生爆炸及传播。

(4) 煤（粉）尘爆炸与煤（粉）尘燃烧的区别。超细粉体发生爆炸是一个较为复杂的过程，由于粉尘云的尺度一般较小，而火焰传播速度较快，达每秒几百米，因此在粉尘中心发生火源点火，在不到0.1s的时间内就可燃遍整个粉尘云。可燃粉尘燃烧时有3个阶

续表

设备名称	深孔爆破	浅孔及二次爆破	备注
信号箱、电气柜、变压器、移动变电站	30	30	小于此距离应当采取保护措施
高压电缆	40	50	小于此距离应当拆除或者采取保护措施

18. D 【解析】排土场形成滑坡和泥石流灾害主要取决于基底承载力、排土工艺、岩土力学性质、地下水和地表水的影响等。

19. B 【解析】注浆是用浆液充填裂隙，使岩体整体强度提高，并堵塞地下水活动的通道；或用浆液建立防渗帷幕，阻截地下水的方法。该方法适用于岩体中岩块较坚硬，裂隙发育连通，地下水丰富，严重影响边坡稳定的情况。

20. C 【解析】在灾区工作时氧气呼吸器氧气压力消耗的要求有：救护队返回到井下基地时，必须至少保留5MPa气压的氧气余量。在倾角小于15°的巷道行进时，将1/2允许消耗的氧气量用于前进途中，1/2用于返回途中；在倾角大于或等于15°的巷道中行进时，将2/3允许消耗的氧气量用于上行途中，1/3用于下行途中。

二、案例分析题

(一)

1. B 【解析】对角式通风的进风井位于井田中央，出风井分别位于井田沿走向的两翼上。根据出风井沿走向位置的不同，对角式通风分为两翼对角式通风和分区对角式通风。

2. D 【解析】漏冒型冒顶是由于已破碎顶板没有得到防护，受重力作用冒落而导致的冒顶，包括：①大面积漏垮型冒顶；②局部漏冒型冒顶：靠煤壁附近的局部冒顶、工作面两端的局部冒顶、放顶线附近的局部冒顶、地质破坏带附近漏垮型冒顶。

3. ABCD 【解析】具备下列条件之一的矿井为高瓦斯矿井：①矿井相对瓦斯涌出量大于 $10m^3/t$；②矿井绝对瓦斯涌出量大于 $40m^3/min$；③矿井任一掘进工作面绝对瓦斯涌出量大于 $3m^3/min$；④矿井任一采煤工作面绝对瓦斯涌出量大于 $5m^3/min$。

4. ACDE 【解析】预防漏冒型冒顶的支护措施包括：①选择支撑掩护或掩护式支架，适当缩小端面距，采用及时支护，必要时采取临时支护措施；②支柱顶梁必须背严背实；③遇到断层破碎带等围岩松动区域时，应考虑采用临时围岩加固措施，如化学加固、注浆加固、锚注加固等。选项B是预防压垮型冒顶的支护方案。

5. BCDE 【解析】井巷支护方式主要有：①锚杆支护、锚喷支护与锚注支护；②混凝土及钢筋（管）混凝土支护；③棚状支架支护。

(二)

1. （1）直流电法探测技术：属于全空间电法勘探，可在地面及井下使用。

   （2）瑞利波探测技术：探测对象是断层、陷落柱、岩浆岩侵入体等构造和地质异常体，以及煤层厚度、相邻巷道、采空区等，探测距离80~100m，其优点是可进行井下全方位超前探测。

2. 工作面底板灰岩含水层突水预兆：

用水同一水池，应有确保消防用水的措施。

10. A 【解析】煤矿水害监测预警系统工作流程：确定监测指标和最佳位置→安装传感器→监测特定位置的温度、水压、特征离子、应力、应变或位移、渗透压力、声发射→监测信息上传→预测、预报水情→专家系统分析→远程监测预警→启动防灾紧急预案。

11. C 【解析】工作面底板灰岩含水层突水预兆：①工作面压力增大，底板鼓起，底鼓量有时可达500mm以上；②工作面底板产生裂隙，并逐渐增大；③沿裂隙或煤帮向外渗水，随着裂隙的增大，水量增加，当底板渗水量增大到一定程度时，煤帮渗水可能停止，此时水色时清时浊，底板活动使水变浑浊，底板稳定使水色变清；④底板破裂，沿裂隙有高压水喷出，并伴有"嘶嘶"声或刺耳水声；⑤底板发生"底爆"，伴有巨响，地下水大量涌出，水色呈乳白色或黄色。冲积层水的突水预兆：①突水部位发潮、滴水且滴水现象逐渐增大，仔细观察可以发现水中含有少量细砂；②发生局部冒顶，水量突增并出现流砂，流砂常呈间歇性，水色时清时浊，总的趋势是水量、砂量增加，直至流砂大量涌出；③顶板发生溃水、溃砂，这种现象可能影响到地表，致使地表出现塌陷坑。选项A、B、D属于冲积层水的突水预兆。

12. C 【解析】由于已破碎顶板没有得到防护，受重力作用冒落而导致的冒顶属于漏冒型冒顶。

13. D 【解析】开采冲击地压煤层时，在应力集中区内不得布置2个工作面同时进行采掘作业。2个掘进工作面之间的距离小于150m时，采煤工作面与掘进工作面之间的距离小于350m时，2个采煤工作面之间的距离小于500m时，必须停止其中一个工作面。相邻矿井、相邻采区之间应当避免开采相互影响。

14. A 【解析】采区入风流净化水幕，应安设在风流分叉口支流内侧20～50m巷道内。

15. A 【解析】防尘口罩的基本要求：①呼吸空气量。矿山劳动比较紧张而繁重，呼吸空气量一般在20～30L/min以上。②呼吸阻力。一般要求在没有粉尘、流量为30L/min条件下，吸气阻力应不大于50Pa，呼气阻力不大于30Pa，阻力过大将引起呼吸肌疲劳，选项B错误。③阻尘率。矿用防尘口罩应达到Ⅰ级标准，即对粒径小于5μm的粉尘，阻尘率应大于99%，选项C错误。④有害空间。口罩面具与人面之间的空腔，应不大于180cm³，否则影响吸入新鲜空气量。⑤妨碍视野角度应小于10°，主要是下视野，选项D错误。⑥气密性。在吸气时，无漏气现象。

16. A 【解析】选项A错误，运送物料时制动距离不得超过40m，运送人员时制动距离不得超过20m。

17. D 【解析】设备设施距松动爆破区外端的安全距离（单位：m）见下表。

设备名称	深孔爆破	浅孔及二次爆破	备注
挖掘机、钻孔机	30	40	司机室背向爆破区
风泵车	40	50	小于此距离应当采取保护措施

(5) 根据矿井水文地质资料进行探放水设计，开展探放水工作。
5. 该煤矿掘进工作面进行探放水作业时，应落实的探放水措施有：
(1) 探水前，应查明探放空间位置、积水量和水压，确定探水线。
(2) 探放水时，要撤出探放水点部位受水害威胁区域的所有人员。
(3) 探放水过程中，必须打穿老空水体，监视放水全过程。
(4) 探放水钻孔接近老空区时，应及时检查气体成分，当瓦斯或其他有害气体超限时，应立即停止钻进，切断电源，撤出人员，并及时处置。

《安全生产专业实务（煤矿安全）》必刷模拟试卷（四）

一、单项选择题

1. B 【解析】水平巷道有平硐、石门、煤门、平巷。溜井属于垂直巷道。
2. C 【解析】井田开拓按开采方式可分为上山式开拓、下山式开拓及混合式开拓，按井筒（硐）形式可分为立井开拓、斜井开拓、平硐开拓、综合开拓。
3. B 【解析】根据《煤矿安全规程》的规定，采区开采前必须按照生产布局合理的要求编制采区设计，并严格按照采区设计组织施工。一个采区内同一煤层的一翼最多只能布置1个回采工作面和2个掘进工作面同时作业。一个采区内同一煤层双翼开采或多煤层开采的，该采区最多只能布置2个回采工作面和4个掘进工作面同时作业。
4. A 【解析】《煤矿安全规程》规定，采掘工作面的进风流中，氧气浓度不低于20%，二氧化碳浓度不超过0.5%。
5. B 【解析】局部通风机通风是利用局部通风机和风筒把新鲜风流送入掘进工作面的一种掘进通风方法，在我国煤矿井下被广泛采用。局部通风机通风可分为压入式、抽出式和混合式3种。
6. C 【解析】自然因素包括煤层及围岩的瓦斯含量、开采深度、地面大气压力变化。选项C属于开采技术因素。
7. A 【解析】低瓦斯矿井中，相对瓦斯涌出量大于$10m^3/t$或有瓦斯喷出的个别区域（采区或工作面）为高瓦斯区，该区应按高瓦斯矿井管理。
8. D 【解析】全矿性反风一般适用于当矿井进风井口、井筒、井底车场、中央石门等地点，或者距矿井入风井口较近的地区出现火灾时。局部反风主要用于采区内发生火灾时，主要通风机仍保持正常运行，通过调整采区内预设风门的开关状态，实现采区内部部分巷道风流的反向。如果火灾发生在某一采区或工作面的进风侧，应当采用局部反风措施，防止烟流进入人员汇集的工作地点，减少灾害损失。
9. B 【解析】根据《煤矿安全规程》，矿井必须设地面消防水池和井下消防管路系统。井下消防管路系统应每隔100m设置支管和阀门，但在带式输送机巷道中应每隔50m设置支管和阀门。地面的消防水池必须经常保持不少于$200m^3$的水量。如果消防用水同生产、生活

3. 采煤工作面冒顶时的避灾自救措施：
   (1) 迅速撤退到安全地点。
   (2) 遇险时要靠煤帮贴身站立或到木垛处避灾。
   (3) 遇险后立即发出呼救信号。
   (4) 遇险人员要积极配合外部的营救工作。

4. 矿山救护队抢救遇险人员方法：
   (1) 顶板冒落范围不大时，如果遇险人员被大块矸石压住，可采用千斤顶、撬棍等工具把大块岩石顶起，将人迅速救出。
   (2) 顶板沿煤壁冒落，矸石块度比较破碎，遇险人员又靠近煤壁位置时，可沿煤壁方向掏小洞，架设临时支架维护顶板，边支护边施工，直到救出遇险人员。
   (3) 如果遇险者位置靠近放顶区，可沿放顶区方向掏小洞，架设临时支架，背帮背顶，或用前探棚边支护边掏洞，把遇险人员救出。
   (4) 冒落范围较小，矸石块度小，比较破碎，并且继续下落，矸石随扒随漏，在这种情况下处理冒顶和抢救人员时，可采用撞楔法处理，以控制顶板。
   (5) 分层开采的工作面发生事故，如果底板是煤层，遇险人员位于金属网或荆笆假顶下面时，可沿底板煤层掏小洞，边支护边掏洞，接近遇险者后将其救出；如果底板是岩石，遇险者位于金属网或荆笆假顶下面时，可沿煤壁掏小洞，寻找和救出遇险人员。
   (6) 冒落范围很大，遇难者位于冒落工作面的中间时，可采用掏小洞和撞楔法处理。当时间长不安全时，也可采取另掘开切眼的方法处理，边掘进边支护。
   (7) 如果工作面两端冒落，把人堵在工作面内，采用掏小洞和撞楔法穿不过去，可采取另掘巷道的方法，绕过冒落区或危险区将遇险人员救出。

(四)

1. 该起事故的直接原因：该煤矿21311掘进工作面发现巷道局部"挂汗"、淋水、巷道发生片帮等透水征兆。当班技术员勘查现场后，安排继续作业，导致老空区积水透出，造成人员伤亡。

2. 该煤矿应根据主要透水征兆，制定相应的"探、防、堵、疏、排、截、监"等综合防治水措施。即利用物探、钻探等手段进行补充勘探，进一步探明周边采空区等水文地质条件；井下防排水，留设防水煤柱、岩柱等，做好预防；遇突水点时应利用闸墙、注浆等方法进行封堵；安装好排水设施，超前疏干；拦截水源，切断和减少补给水量；做好监测工作等。

3. 已知的矿井水害水源主要有含水层水、老空水、地表水、封闭不良的钻孔水。

4. 21311掘进工作面出现巷道局部透水征兆时，应采取的处理措施有：
   (1) 工作面立即停止作业。
   (2) 向煤矿调度室报告，撤出受威胁区域人员。
   (3) 制定措施加强巷道支护，加固巷道底板。
   (4) 增设巷道内的排水设备，加大排水能力。

区监察；④国家监察。

（二）

1. （1）该起事故属于较大事故。

    （2）较大事故是指造成 3 人以上 10 人以下死亡，或者 10 人以上 50 人以下重伤，或者 1 000 万元以上 5 000 万元以下直接经济损失的事故。

    （3）较大事故由事故发生地设区的市级人民政府组织事故调查组进行调查。

2. （1）不妥之处一：由安全科科长负责煤矿的安全管理工作。

    理由：煤矿主要负责人（矿长）是本单位安全生产的第一责任人，对安全生产工作全面负责。

    （2）不妥之处二：安全生产管理人员暂由井下作业班长兼任。

    理由：应配备专职安全管理人员并考试合格，持证上岗。

3. （1）事故发生的直接原因：①揭露的采空区中的瓦斯涌入掘进工作面，引起瓦斯浓度超限；②爆破产生的火花引起瓦斯爆炸。

    （2）事故发生的间接原因：①由安全科科长全面负责煤矿的安全管理工作，由井下作业班长兼任安全管理人员，安全生产规章制度不健全，安全管理混乱；②安全意识薄弱，在瓦斯超限的情况下，依然组织违章作业；③现场违章指挥，冒险组织爆破作业；④地质勘探工作不足，未及时探查掘进区域的采空区并提前采取抽放瓦斯的措施。

4. 应采取的改进措施：

    （1）建立健全并落实安全生产责任制，按照规定配备安全生产管理人员。

    （2）加强从业人员的安全生产教育培训工作。

    （3）加强地质勘探工作，排查采掘区域的采空区，掘进工作面采取先探后掘的方式。

    （4）发现瓦斯超限时应立即停止掘进工作，进行瓦斯抽放。

（三）

1. 常用的锚杆支护的作用机理有：

    （1）悬吊作用。

    （2）组合梁作用。

    （3）组合拱作用。

    （4）围岩强度强化作用。

    （5）最大水平应力理论。

    （6）松动圈支护理论。

2. （1）推垮型冒顶是由平行于层面方向的顶板力推倒支架导致的冒顶。

    （2）推垮型顶板灾害防治的关键是限制顶板上下位岩层之间的离层。选择合理的支护方法，提高支柱的初撑力及支护系统刚度，加强支柱或支架的稳定性；可适当布置锚杆，将上位硬岩与下位软岩组合为一个整体；当有大块孤立顶板岩块或坚硬岩层时，须采用挑顶措施，也可采用墩柱或特种支柱切断顶板。此外，合理控制工作面端面距离，采高稳定，保证工作面的快速推进，也是防治顶板灾害的有效技术措施。

13. C 【解析】微尘：粒径为 0.25~10μm，用光学显微镜可以观察到，在静止空气中呈等速沉降。

14. B 【解析】影响尘肺病发生发展的因素主要有粉尘的化学成分、粒径和分散度、接触时间、劳动强度和个人身体健康状况等。

15. D 【解析】当煤层测试结果同时满足：原有水分（W）≤4%，孔隙率（η）≥4%，吸水率（δ）≥1%，坚固性系数（f）≥0.4，则判定取样煤层为可注水煤层，否则判定为可不注水煤层。

16. A 【解析】煤矿井下供电系统的过流保护、漏电保护、接地保护统称为煤矿井下的三大保护。

17. B 【解析】选项B错误，刮板输送机司机必须在机头两侧1.5m外操作刮板输送机，严禁在刮板输送机机头正前方开动刮板给输送机。

18. D 【解析】矿用卡车运输排土场排弃作业时，必须遵守下列规定：①排土场卸载区必须有连续的安全挡墙，车型小于240t时安全挡墙高度不得低于轮胎直径的0.4倍，车型大于240t时安全挡墙高度不得低于轮胎直径的0.35倍。不同车型在同一地点排土时，必须按最大车型的要求修筑安全挡墙，特殊情况下必须制定安全措施。②排土工作面向坡顶线方向应当保持3%~5%的反坡。

19. D 【解析】疏干排水是将滑体内及附近岩体地下水疏干，从而减小动、静水压力，维持岩体强度，适用于边坡岩体内含水多，滑床岩体渗透性差的不稳定边坡治理方法。

20. C 【解析】抢救遇险人员是矿山救护队的首要任务，要创造条件以最快的速度、最短的路线，先将受伤、窒息的人员运送到新鲜空气地点进行急救，同时派人员引导未受伤人员撤离灾区，然后抬出已遇难的人员，选项C错误。

二、案例分析题

（一）

1. B 【解析】事故的直接经济损失包括：①人员伤亡后所支出的费用，如医疗费用、丧葬及抚恤费用、补助及救济费用、歇工工资等；②事故善后处理费用，如处理事故的事务性费用、现场抢救费用、现场清理费用、事故罚款和赔偿费用等；③事故造成的财产损失费用，如固定资产损失价值、流动资产损失价值等。停产损失价值、资源损失价值属于间接经济损失的统计范围。该起事故的直接经济损失为 1 300＋400＋140＋2 000＋500＋450＝4 790（万元）。

2. C 【解析】该起事故造成16人死亡、12人重伤，造成直接经济损失4 790万元，属于重大事故。重大事故应由事故发生地省级人民政府组织事故调查组进行调查。

3. ABCE 【解析】事故调查组由有关人民政府、应急管理部门、负有安全生产监督管理职责的有关部门、公安机关以及工会派人组成。事故调查组可以聘请有关专家参与调查。

4. ABDE 【解析】"四不放过"原则是指：①事故原因不查清不放过；②防范措施不落实不放过；③职工群众未受到教育不放过；④事故责任者未受到处理不放过。

5. BCE 【解析】煤矿安全监察体制的特点有：①实行垂直管理；②监察和监管分开；③分

2. D 【解析】国内外衡量矿井气候条件的指标很多，主要有干球温度、湿球温度、等效温度、同感温度、卡他度等。

3. A 【解析】根据《煤矿安全规程》，煤巷、半煤岩巷和有瓦斯涌出的岩巷的掘进通风方式应采用压入式，不得采用抽出式（压气、水力引射器不受此限）；如果采用混合式，必须制定安全措施。

4. B 【解析】降低局部通风阻力的措施有：①当连接不同断面的巷道时，要把连接的边缘做成斜线或圆弧形；井下尽量少使用直径很小的铁筒风桥和少使用风窗来调节风量。②巷道拐弯时，转角 δ 越小越好，在拐弯的内侧或内外两侧做成斜线形或圆弧形，要尽量避免出现直角拐弯。③减少产生局部阻力地点的风速及巷道的粗糙度。④在风筒或通风机的进口安装集风器，在出风口安装扩散器。⑤及时清理巷道中的堆积物，并在可能条件下尽量不使成串的矿车长时间地停留在主要通风巷道内，以免阻挡风流，使通风情况恶化。

5. C 【解析】瓦斯爆炸必须具备3个条件：①瓦斯含量在爆炸界限内 5%～16%；②混合气体中氧气含量不低于 12%；③有足够能量的点火源，温度不低于 650℃，能量大于 0.28mJ，持续时间大于爆炸感应期。

6. A 【解析】具备下列条件之一的矿井为高瓦斯矿井：①矿井相对瓦斯涌出量大于 $10m^3/t$；②矿井绝对瓦斯涌出量大于 $40m^3/min$；③矿井任一掘进工作面绝对瓦斯涌出量大于 $3m^3/min$；④矿井任一采煤工作面绝对瓦斯涌出量大于 $5m^3/min$。

7. D 【解析】煤炭自燃应同时具备4个条件：①煤具有自燃倾向性；②有连续的通风供氧条件；③破碎状态堆积热量积聚；④持续一定的时间。

8. A 【解析】制浆用的材料应满足以下要求：①加入少量水即可成浆；②浆液渗透力强，收缩率小，来源广泛，成本低；③不含可燃、助燃成分；④泥浆要易于脱水，且具有一定的稳定性，一般要求含砂量为 25%～30%；⑤泥土粒度不大于 2mm，细小粉粒（粒度小于 1mm）应占 75% 以上；⑥主要物理性能指标：密度为 2.4～2.8t/m³，塑性指数为 9～14，胶体混合物为 25%～30%，含砂量为 25%～30%。

9. B 【解析】老空水探放水钻孔布置时，钻孔密度通常规定不得超过 3m，以防漏掉老空巷道。

10. C 【解析】煤矿水害监测预警系统工作流程：确定监测指标和最佳位置→安装传感器→监测特定位置的温度、水压、特征离子、应力、应变或位移、渗透压力、声发射→监测信息上传→预测、预报水情→专家系统分析→远程监测预警→启动防灾紧急预案。

11. B 【解析】工作面底板灰岩含水层突水预兆：①工作面压力增大，底板鼓起，底鼓量有时可达 500mm 以上；②工作面底板产生裂隙，并逐渐增大；③沿裂隙或煤帮向外渗水，随着裂隙的增大，水量增加，当底板渗水量增大到一定程度时，煤帮渗水可能停止，此时水色时清时浊，底板活动使水变浑浊，底板稳定使水色变清；④底板破裂，沿裂隙有高压水喷出，并伴有"嘶嘶"声或刺耳水声；⑤底板发生"底爆"，伴有巨响，地下水大量涌出，水色呈乳白色或黄色。

12. A 【解析】钻屑法的检测指标包括钻屑量、深度和动力效应。

(1) 组织或者参与拟订本单位安全生产规章制度、操作规程和生产安全事故应急救援预案。

(2) 组织或者参与本单位安全生产教育和培训，如实记录安全生产教育和培训情况。

(3) 组织开展危险源辨识和评估，督促落实本单位重大危险源的安全管理措施。

(4) 组织或者参与本单位应急救援演练。

(5) 检查本单位的安全生产状况，及时排查生产安全事故隐患，提出改进安全生产管理的建议。

(6) 制止和纠正违章指挥、强令冒险作业、违反操作规程的行为。

(7) 督促落实本单位安全生产整改措施。

3. 煤矿瓦斯的性质如下：

(1) 瓦斯是一种无色、无味、无臭的气体。

(2) 在标准状态下，瓦斯密度为 0.716 8 kg/m³，相对空气的密度为 0.554，瓦斯由于比较轻，常常积聚在巷道顶部、上山掘进工作面、顶板冒落空洞中。

(3) 瓦斯难溶于水，扩散性很强，扩散速度是空气的 1.34 倍，在空气中会很快地扩散。

(4) 瓦斯本身无毒，但当空气中瓦斯含量大于 50% 时，极易造成人员缺氧而窒息死亡。

(5) 瓦斯不助燃，但当与空气混合达到一定含量后，遇到高温火焰时能够燃烧或爆炸。

4. 煤与瓦斯突出的预兆分为无声预兆和有声预兆：

(1) 无声预兆：①煤层结构变化，层理紊乱，煤层由硬变软、由薄变厚，倾角由小变大，煤由湿变干，光泽暗淡，煤层顶底板出现断裂，煤岩严重破坏等；②工作面煤体和支架压力增大，煤壁外鼓、掉碴、煤块迸出等；③瓦斯增大或忽小忽大，煤尘增多。

(2) 有声预兆：出现煤爆声、闷雷声、深部岩石或煤层破裂声、支柱折断声等。

5. 防治煤与瓦斯突出的技术措施主要分为区域性措施和局部性措施：

(1) 区域性措施是针对大面积范围消除突出危险性的措施。目前区域性措施主要有 2 种，即开采保护层和预抽煤层瓦斯。

(2) 局部性措施主要在采掘工作面执行，对采掘工作面前方煤岩体一定范围消除突出危险性。局部性措施有许多种，如卸压排放钻孔、深孔或浅孔松动爆破、卸压槽、煤体固化、水力冲孔等。

《安全生产专业实务（煤矿安全）》必刷模拟试卷（三）

一、单项选择题

1. B 【解析】选项 A 错误，长壁采煤法以工作面的开采长度为主要标志。采煤工作面长度一般在 50 m 以上的称为长壁工作面。选项 C、D 错误，我国以长壁开采为代表的采煤工艺技术的发展大体经历了 3 个阶段：第一阶段主要为爆破落煤阶段；第二阶段为普通机械化采煤阶段；第三阶段为破煤、装煤、运煤、支护、采空区处理综合机械化、自动化阶段，即综合机械化采煤阶段。

(三)

1. 中央边界式通风又称中央分列式通风，适用于煤层倾角较小、埋藏较浅，走向长度不大，而且瓦斯大、自然发火比较严重的新建矿井的通风。

2. 冲击地压具有明显的显现特征：

(1) 突发性。冲击地压一般没有明显的宏观前兆而突然发生，事先准确确定发生的时间、地点和强度的难度较大。

(2) 瞬时震动性。冲击地压发生过程急剧而短暂，伴随有巨大的声响和强烈的震动，震动波及范围可达几千米甚至几十千米，地面有地震感觉，但一般震动持续时间不超过几十秒。

(3) 巨大破坏性。冲击地压发生时，顶板可能有瞬间明显下沉，但一般并不冒落；有时底板突然开裂鼓起甚至接顶；常常有大量岩块突然破碎被抛出，堵塞巷道，破坏支架。从后果来看，冲击地压常常造成惨重的人员伤亡和巨大的生产损失。

(4) 复杂性。在自然地质条件上，除揭煤外的各种开采都记录有冲击地压现象，采深从200m到1000m，地质构造从简单到复杂，煤层从薄煤层到特厚煤层，倾角从近水平到急斜，顶底板岩性包括砂岩、灰岩、油母页岩等都发生过冲击地压。

3. 冲击地压的解危措施除钻孔卸压外，还有爆破卸压、定向水力裂缝法和诱发爆破。

4. 按照生产条件的不同，冲击地压发生的具体原因可分为以下3类：

(1) 自然因素。最基本的因素是原岩应力，主要由岩体的重力和构造残余应力组成。冲击地压危险的倾向是由岩层的特性决定的。岩（煤）层的强度大，整体性好，冲击地压的倾向性就高。

(2) 技术因素。首先是开采引起局部应力集中；生产的集中化程度越高，应力集中越凸显，越容易发生冲击地压；开采设计或防治措施实施不到位，也是冲击地压危险增加的因素之一。尤其是在多煤层开采情况下，煤层群开采的相互影响及煤柱的应力集中叠加，是导致冲击地压的主要诱因。

(3) 管理因素。如采矿作业措施未到位，支架和技术装备未到位，没有选择有效的冲击地压预报仪器和防治的装备等，导致冲击地压发生。

(四)

1. 煤矿主要负责人对本单位安全生产工作负有下列职责：

(1) 建立健全并落实本单位全员安全生产责任制，加强安全生产标准化建设。

(2) 组织制定并实施本单位安全生产规章制度和操作规程。

(3) 组织制定并实施本单位安全生产教育和培训计划。

(4) 保证本单位安全生产投入的有效实施。

(5) 组织建立并落实安全风险分级管控和隐患排查治理双重预防工作机制，督促、检查本单位的安全生产工作，及时消除生产安全事故隐患。

(6) 组织制定并实施本单位的生产安全事故应急救援预案。

(7) 及时、如实报告生产安全事故。

2. 煤矿安全生产管理机构以及安全生产管理人员履行下列职责：

③超前疏干；④注浆堵水。

5. ABCE　【解析】防治水工作总体要求如下：①煤矿企业、矿井必须在探放水工作中做到"三专"，即专门探放水队伍、专业技术人员、专用探放水设备。水文地质条件复杂、极复杂的煤矿要设立专门防治水机构。②应坚持"预测预报、有疑必探、先探后掘、先治后采"十六字原则，落实"探、防、堵、疏、排、截、监"等综合治理措施。③应在查明矿井地质、水文地质条件的基础上，因地制宜地采取措施加以防治。④应坚持先易后难，先近后远，先地面后井下，先重点后一般，地面与井下相结合，重点与一般相结合。⑤应注意矿井水的综合利用，实现排、供结合，保护矿区地下水资源和环境。

（二）

1. 煤炭自燃是一个复杂的物理化学过程，一般来说，只有同时具备下列4个基本条件，煤炭自燃才会发生：

   (1) 煤具有自燃倾向性。煤炭自燃倾向性是煤的一种自然属性，它取决于煤在常温下的氧化能力，是煤层发生自燃的基本条件。《煤矿安全规程》规定，煤的自燃倾向性分为容易自燃、自燃、不易自燃3类。

   (2) 有连续的通风供氧条件。氧气的存在是煤发生自燃的必要条件，只有含氧量较高的风流持续稳定的情况下（一般认为氧含量至少12%），煤自燃过程才能够持续并最终可能造成自燃。

   (3) 破碎状态堆积热量积聚。煤氧化产生的热量能否积聚主要取决于破碎状态的煤堆积的厚度和是否有有利于热量积聚的合适风流速度（一般认为风速为0.1～0.24 m/min）。

   (4) 持续一定的时间。影响煤自然发火期的因素有很多，比如煤的内部结构和物理化学性质、被开采后的堆积状态参数（分散度）、裂隙或空隙度、通风供氧、蓄热和散热等。

2. 煤炭自燃的预防措施有开拓开采技术措施、灌浆防灭火、阻化剂防灭火、凝胶防灭火、均压防灭火、惰性气体防灭火、防止漏风等。

3. (1) 当防治火灾的措施失败或因火势迅猛来不及采取直接灭火措施时，就需要及时封闭火区，防止火灾势态扩大。火区封闭只有在确保已没有任何人留在里面时才可以进行。

   (2) 在多风路的火区建造防火墙时，应根据火区范围、火势大小、瓦斯涌出量等情况来决定封闭火区的顺序。一般是先封闭对火区影响不大的次要风路的巷道，然后封闭火区的主要进回风巷道。

4. 火区启封是一项危险的工作，只有经取样化验分析证实，同时具备下列条件时，方可认为火区已经熄灭，准予启封：

   (1) 火区内温度下降到30℃以下，或与火灾发生前该区的空气日常温度相同。

   (2) 火区内空气中的氧气浓度降到5%以下。

   (3) 火区内空气中不含有乙烯、乙炔，一氧化碳浓度在封闭期间内逐渐下降，并稳定在0.001%以下。

   (4) 火区的出水温度低于25℃，或与火灾发生前该区的日常出水温度相同。

   (5) 以上4项指标持续稳定的时间在1个月以上。

电源，一般由变电所引出的独立双回路供电。选项 A、B 应采用三类负荷供电，选项 D 应采用二类负荷供电。

18. B 【解析】选项 B 错误，井下停送电及检修设备实行"三连锁"制度。正常情况下，由需要停电检修设备的队组，提前一天填报《有计划检修申请卡》，本队队长或机电队长同意并签字后，报矿停送电负责人签字。需要停高压时，机电队队长签字后交施工负责人。具体现场操作停送电工作时，停送电负责人、瓦斯检查员、施工负责人三人必须同时在现场签字后方可从事停送电工作。上井后将卡交回矿调度保存。

19. D 【解析】选项 A 错误，排土场必须按设计要求进行排弃，排土段高为 30m。排土场最小平盘宽度不得小于 80m。选项 B 错误，推土机行车和作业时要注意瞭望，有人时需鸣喇叭警告，作业时生产指挥人员必须与推土机保持 20m 以上的安全距离。选项 C 错误，排土场地要留有 2‰～3‰ 的反坡。排土场边缘要设有 0.5～1m 的安全土挡。

20. C 【解析】事故预警分为四级：Ⅳ级预警为蓝色，Ⅲ级预警为黄色，Ⅱ级预警为橙色，Ⅰ级预警为红色。

二、案例分析题

(一)

1. C 【解析】根据生产安全事故（以下简称事故）造成的人员伤亡或者直接经济损失，把事故分为如下几个等级：①特别重大事故，是指造成 30 人以上死亡，或者 100 人以上重伤（包括急性工业中毒，下同），或者 1 亿元以上直接经济损失的事故；②重大事故，是指造成 10 人以上 30 人以下死亡，或者 50 人以上 100 人以下重伤，或者 5 000 万元以上 1 亿元以下直接经济损失的事故；③较大事故，是指造成 3 人以上 10 人以下死亡，或者 10 人以上 50 人以下重伤，或者 1 000 万元以上 5 000 万元以下直接经济损失的事故；④一般事故，是指造成 3 人以下死亡，或者 10 人以下重伤，或者 1 000 万元以下直接经济损失的事故。所称的"以上"包括本数，所称的"以下"不包括本数。在衡量一个事故等级时，按照最严重的标准划分。本案例中，26 人死亡构成重大事故，直接经济损失 2 312 万元构成较大事故，所以，该起事故属于重大事故。

2. D 【解析】安全生产监督管理部门和负有安全生产监督管理职责的有关部门接到事故报告后，应当依照下列规定上报事故情况，并通知公安机关、劳动保障行政部门、工会和人民检察院：①特别重大事故、重大事故逐级上报至国务院应急管理部门和负有安全生产监督管理职责的有关部门；②较大事故逐级上报至省、自治区、直辖市人民政府应急管理部门和负有安全生产监督管理职责的有关部门；③一般事故上报至设区的市级人民政府应急管理部门和负有安全生产监督管理职责的有关部门。

3. ADE 【解析】老窑积水的特点如下：①水量大、来势猛、时间短，具有很大的破坏性。突水量以静储量为主且储量与采空区分布范围有关；当老窑水与其他水源有水力联系时，可造成量大而稳定的涌水，危害性极大。②老窑水为多年积水，水循环条件差，多为酸性水，对井下设备具有很强的腐蚀性，且含有大量硫化氢气体，对人体危害性也较大。

4. ABDE 【解析】孔隙及裂隙水防治措施有：①留设防水煤、岩柱；②改变采煤方法；

水、溃砂，这种现象可能影响到地表，致使地表出现塌陷坑。

11. B 【解析】选项A错误，粉尘爆炸比可燃物质及可燃气体复杂。选项C错误，粉尘爆炸发生之后，往往会产生二次爆炸。选项D错误，粉尘爆炸下限浓度为20~60g/m³，上限浓度为2~6kg/m³。

12. A 【解析】常见的净化水幕有以下几种：①矿井总入风流净化水幕，在距井口20~100m巷道内；②采区入风流净化水幕，在风流分叉口支流内侧20~50m巷道内；③采煤回风流净化水幕，在距工作面回风口10~20m回风巷内；④掘进回风流净化水幕，在距工作面30~50m巷道内；⑤巷道中产尘源净化水幕，在尘源下风侧5~10m巷道内。

13. D 【解析】防尘口罩按其工作原理可分为自吸过滤式防尘口罩和送风式防尘口罩两种。自吸过滤式防尘口罩又可分为简易式防尘口罩和复式防尘口罩两种：①简易式防尘口罩结构简单，滤料可采用合成超细纤维无纺滤料等。简易式防尘口罩适用于氧气浓度不低于18%且无其他有害气体的作业环境，长时间使用时，由于呼吸气中水汽沾湿滤料，会使呼吸阻力增加。该产品虽佩戴方便但不易清洗或更换滤料，故多为一次性产品。②复式防尘口罩结构较复杂，主要由面具、过滤盒和呼气阀组成。该防尘口罩轻便耐用，使用范围较广，可在潮湿和淋水条件下佩戴使用。复式防尘口罩对作业环境空气的要求与简易式防尘口罩相同，复式防尘口罩佩戴舒适、便于清洗，更换滤料后可重复使用。

14. C 【解析】掘进工作面停送电时，127V手持式电气设备必须使用综合保护，操作手把和工作中必须接触的部分应有良好的绝缘，否则不准操作。

15. A 【解析】斜巷（斜坡）运输安全要求：①坚持有坡必挡，安全设施、信号必须齐全灵敏可靠，坚持使用，定期检修。②主要运输斜巷除"一坡三挡"外，其上部车场必须装设阻车器。③地面运输斜坡在上部车场变坡点处必须设置道挡。④斜巷上车场变坡点处，必须装设闭锁道挡或连环门，挡距略大于一列车的长度。变坡点以下15m左右装设一道安全门或与绞车连锁的安全门。斜长大于50m时，在下车场变坡点向上15m左右安设一道安全门。安全门正常情况下处于关闭状态。车过时打开，车过后立即关闭。⑤斜巷超过100m时，必须装设捕车器，且每100m左右装一道触发机构，至挡车机构不得小于35m。

16. B 【解析】设备设施距松动爆破区外端的安全距离（单位：m）见下表。

设备名称	深孔爆破	浅孔及二次爆破	备注
挖掘机、钻孔机	30	40	司机室背向爆破区
风泵车	40	50	小于此距离应当采取保护措施
信号箱、电气柜、变压器、移动变电站	30	30	小于此距离应当采取保护措施
高压电缆	40	50	小于此距离应当拆除或者采取保护措施

17. D 【解析】凡因突然停电可能造成人身伤亡或重要设备损坏或给生产造成重大损失的负荷为一类负荷，如主要通风机、提升人员的立井提升机、井下主排水泵、高瓦斯矿井的区域通风机、瓦斯泵以及上述设备的辅助设备等。对一类负荷供电必须有可靠的备用

《安全生产专业实务（煤矿安全）》必刷模拟试卷（二）

一、单项选择题

1. B 【解析】采煤工作面内主要有破煤、装煤、运煤、支护及采空区处理等工序。

2. D 【解析】根据《煤矿安全规程》，采区开采前必须按照生产布局合理的要求编制采区设计，并严格按照采区设计组织施工。一个采区内同一煤层的一翼最多只能布置1个回采工作面和2个掘进工作面同时作业。一个采区内同一煤层双翼开采或多煤层开采的，该采区最多只能布置2个回采工作面和4个掘进工作面同时作业。严禁在采煤工作面范围内再布置另一采煤工作面同时作业。采掘过程中严禁任意扩大和缩小设计规定的煤柱。采空区内不得遗留未经设计规定的煤柱。严禁破坏工业场地、矿界、防水和井巷等的安全煤柱。突出矿井、高瓦斯矿井、低瓦斯矿井高瓦斯区域的采煤工作面，不得采用前进式采煤方法。

3. C 【解析】摩擦阻力系数现场测定时应注意以下几点：①必须选择支护形式一致、巷道断面不变和方向不变（不存在局部阻力）的巷道。②在局部阻力物前布置测点，距离不得小于巷宽的3倍；在局部阻力物后布置测点，距离不得小于巷宽的8～12倍。测段距离和风量均较大，压差不低于20Pa。③用风表测断面平均风速时应和测压同步进行，防止各种原因（风门开闭、车辆通过等）对测段风量变化产生影响。

4. D 【解析】根据《煤矿安全规程》，采掘工作面的空气温度超过30℃、机电设备硐室的空气温度超过34℃时，必须停止作业。

5. B 【解析】隔断风流的设施主要有防爆门（盖）、挡风墙和风门。风硐属于引导风流的设施。

6. A 【解析】内因火灾也叫自燃火灾，是指一些易燃物质（主要指煤炭）在一定条件和环境下（破碎堆积并有空气供给），自身发生物理化学变化，聚集热量、温度升高，导致着火所形成的火灾。外因火灾也叫外源火灾，是指由明火、爆破、电气、摩擦等外来热源引起的火灾。选项B、C、D属于外因火灾。

7. C 【解析】专用排瓦斯巷内必须安设甲烷传感器，甲烷传感器应当悬挂在距专用排瓦斯巷回风口10～15m处，当甲烷浓度达到2.5%时，能发出报警信号并切断工作面电源，工作面必须停止工作，进行处理。

8. B 【解析】地表水水害水源进入矿井的途径或方式：水源从井口、采空冒裂带、岩溶地面塌陷坑或洞、断层带及煤层顶底板或封孔不良的旧钻孔充水或导水。

9. D 【解析】探放水钻孔的布置以不漏掉老空、保证生产安全和探水工作量最小为原则。探放水钻孔布置的参数有超前距、允许掘进距离、帮距和钻孔密度等。

10. D 【解析】冲积层水的突水预兆：①突水部位发潮、滴水且滴水现象逐渐增大，仔细观察可以发现水中含有少量细砂；②发生局部冒顶，水量突增并出现流砂，流砂常呈间歇性，水色时清时浊，总的趋势是水量、砂量增加，直至流砂大量涌出；③顶板发生溃

2. 此次冲击地压事故发生的客观影响因素主要有以下几个方面：
   (1) 煤层上方有较厚的坚硬岩层。
   (2) 采煤工作面为孤岛工作面。
   (3) 采煤工作面两侧留有较大煤柱。
   (4) 地质构造（局部发育有断层）。
3. 冲击地压预测的方法有：
   (1) 综合指数法。
   (2) 钻屑法。
   (3) 微震法。
   (4) 声发射（地音）法。
   (5) 电磁辐射法。
4. 冲击地压安全防护措施：
   (1) 有冲击地压危险的采掘工作面，供电、供液等设备应当放置在采动应力集中影响区外。对危险区域内的设备、管线、物品等应当采取固定措施，管路应当吊挂在巷道腰线以下。
   (2) 冲击地压危险区域的巷道必须加强支护，采煤工作面必须加大上下出口和巷道的超前支护范围和强度。严重冲击地压危险区域，必须采取防底鼓措施。
   (3) 有冲击地压危险的采掘工作面必须设置压风自救系统，明确发生冲击地压时的避灾路线。
5. 采煤工作面冒顶时遇险人员自救和互救措施有：
   (1) 事故发生后，遇险人员要听从班组长和有经验的老工人指挥，在保证安全的前提下，积极开展自救和互救。被煤矸、物料等埋压的人员，切忌惊慌失措，不用猛烈挣扎的办法脱险，以免造成事故的扩大。未受伤和受轻伤人员，要采取切实可行的措施设法营救被掩埋人员，并尽可能脱离险区或转移到较安全地点等待救援。
   (2) 矿工互救时，应暂停向冒落区附近的机电设备供电，以防止抢救时人员触电。营救被埋压矿工时，营救矿工要首先检查和维护好冒落点及其附近的安全，以保障营救人员在救援时的安全，并有畅通、安全的退路。
   (3) 冒落范围不大时，如果遇险人员被大矸石压住，可用液压千斤顶等工具把大块岩石支起，再将遇险人员救出，切忌生拉硬扯。
   (4) 如果顶板沿煤壁冒落，矸石块度比较破碎、遇险人员又靠近煤壁位置时，可沿煤壁由冒落区从外向里掏小洞，架设梯形棚子（冒落帮部背严，防止漏矸石），边支护边掏洞，直到把遇险人员救出。如遇险人员位置靠近放顶区，可沿放顶区由外向里掏小洞，架设梯形棚子，木板背帮背顶；或用撞楔法，在撞楔保护下边支护边掏洞，抢救遇险人员。

（三）

1. 同时满足下列条件的矿井为低瓦斯矿井：
   (1) 矿井相对瓦斯涌出量不大于 $10m^3/t$。
   (2) 矿井绝对瓦斯涌出量不大于 $40m^3/min$。
   (3) 矿井任一掘进工作面绝对瓦斯涌出量不大于 $3m^3/min$。
   (4) 矿井任一采煤工作面绝对瓦斯涌出量不大于 $5m^3/min$。

2. 影响矿井瓦斯涌出量的因素主要有自然因素和开采技术因素。自然因素包括煤层及围岩的瓦斯含量、开采深度、地面大气压力变化。开采技术因素包括开采顺序与回采方法、回采速度与产量、落煤工艺、基本顶来压步距、通风压力、采空区密闭质量、采场通风系统等。

3. 瓦斯积聚是指局部空间的瓦斯浓度达到 2%，其体积超过 $0.5m^3$ 的现象。
   (1) 防治瓦斯积聚的方法如下：①保证工作面的供风量；②处理采煤工作面回风隅角的瓦斯积聚；③处理掘进工作面局部的瓦斯积聚；④处理通风异常或瓦斯涌出异常。
   (2) 防治采煤工作面瓦斯积聚的措施如下：①进行通风稀释。根据不同的矿井实际情况选择合适的通风方式进行通风。②采用引导风流法进行处理。将不含有瓦斯的风流引入瓦斯积聚的地点，把局部积聚的瓦斯或把瓦斯涌出点涌出的瓦斯流加以稀释冲淡并带走。③采用钻孔抽放法抽放瓦斯，防止某区域超限。

4. 根据《煤矿安全规程》，矿井必须采用机械通风。主要通风机的安装和使用应当符合下列要求：
   (1) 主要通风机必须安装在地面；装有通风机的井口必须封闭严密，其外部漏风率在无提升设备时不得超过 5%，有提升设备时不得超过 15%。
   (2) 必须保证主要通风机连续运转。
   (3) 必须安装 2 套同等能力的主要通风机装置，其中 1 套作备用，备用通风机必须能在 10min 内开动。
   (4) 严禁采用局部通风机或者风机群作为主要通风机使用。
   (5) 装有主要通风机的出风井口应当安装防爆门，防爆门每 6 个月检查维修 1 次。
   (6) 至少每月检查 1 次主要通风机。改变主要通风机转数、叶片角度或者对旋式主要通风机运转级数时，必须经矿总工程师批准。
   (7) 新安装的主要通风机投入使用前，必须进行试运转和通风机性能测定，以后每 5 年至少进行 1 次性能测定。
   (8) 主要通风机技术改造及更换叶片后必须进行性能测试。
   (9) 井下严禁安设辅助通风机。

（四）

1. 根据《防治煤矿冲击地压细则》，煤矿主要负责人是冲击地压防治的第一责任人；煤矿总工程师是冲击地压防治的技术负责人；煤矿其他负责人对分管范围内冲击地压防治工作负责。

效期为6年,在全国范围内有效。特种作业证每3年复审一次。特种作业操作证申请复审或者延期复审前,特种作业人员应当参加必要的安全培训并考试合格。安全培训时间不少于8个学时。跨省、自治区、直辖市从业的特种作业人员,可以在户籍所在地或者从业所在地参加培训。

5. BCDE 【解析】矿井瓦斯爆炸大都发生在煤层的采掘工作面附近,其中掘进工作面居多,具体原因有:①掘进工作面大多采用局部通风机通风,供风量有限,通风能力不足;②风筒末端距离工作面较远,送到工作面的风量不足以扰动风流,排出瓦斯和粉尘;③风筒质量低劣,吊挂高低不平,漏风严重,工作面有效风量不足;④局部通风机没有专用电源实行"三专",经常停电停风,局部通风不稳定;⑤掘进工作面场所狭窄,条件差,是瓦斯、煤尘的发生地和聚集地,选项B、C容易引起瓦斯积聚;⑥掘进工作面除使用煤电钻打眼等电气设备外还有爆破作业。选项A不属于发生瓦斯爆炸的原因。

(二)

1. 该起事故发生的原因:
   (1) 该矿在不具备安全生产条件下,拒不执行有关部门下达的停产指令,仍违法组织生产。
   (2) 在未采取有效探放水技术措施的情况下,工人在进入工作面爆破时打透积水采空区,导致透水事故发生。
   (3) 该煤矿安全管理机构不健全,没有制定符合实际的规章制度、作业规程、灾害预防计划,没有采取有效的井下探放水安全技术措施。
   (4) 安全管理人员及井下作业人员安全意识淡薄,工人安全技术素质较差。

2. 该起事故造成13人死亡、2人重伤,造成直接经济损失587.5万元,属于重大事故。重大事故应由事故发生地省级人民政府组织事故调查组进行调查。

3. 采掘工作面遇有下列情况之一时,应当立即停止施工,确定探水线,实施超前探放水,经确认无水害威胁后,方可施工:
   (1) 接近水淹或者可能积水的井巷、老空或者相邻煤矿时;
   (2) 接近含水层、导水断层、暗河、溶洞和导水陷落柱时;
   (3) 打开隔离煤柱放水前;
   (4) 接近可能与河流、湖泊、水库、蓄水池、水井等相通的导水通道时;
   (5) 接近有出水可能的钻孔时;
   (6) 接近水文地质条件不清的区域时;
   (7) 接近有积水的灌浆区时;
   (8) 接近其他可能突(透)水的区域时。

4. 矿井必须做好水害分析预报,坚持"预测预报、有疑必探、先探后掘、先治后采"的十六字原则,落实"探、防、堵、疏、排、截、监"等综合治理措施。煤矿工作面掘进施工中,必须分析推断前方是否有水害危险区域,有则采取超前钻探措施,探明水源位置、水压、水量及其与开采煤层的距离,以便采取相应的防治水措施,确保安全生产。

手续。选项C错误,在进行检修搬迁前,必须用同电源电压相适应的合格的验电笔验电,确认无电后再将导体对地完全放电(井下必须先检查瓦斯,当其浓度在1.0%以下时方准放电),并按规定要求安装短路接地线后方可工作。选项D错误,为保证安全,局部通风机必须由通风人员开停。

18. A 【解析】爆破安全警戒距离应符合下列要求:①抛掷爆破(孔深小于45m):爆破区正向不得小于1 000m,其余方向不得小于600m。②深孔松动爆破(孔深大于5m):距爆破区边缘,软岩不得小于100m,硬岩不得小于200m。③浅孔爆破(孔深小于5m):无充填预裂爆破,不得小于300m。④二次爆破:炮眼爆破不得小于200m。

19. C 【解析】自然因素包括岩层岩性、岩体结构、风化程度、水文地质、气候与气象、地震等;人为因素包括坡体开挖形态、坡体内部或下部开挖扰动、工程爆破、坡顶堆载、降水或排水、破坏植被等。

20. A 【解析】危险区外的人员抢救措施:危险区以外的现场人员,在未受到伤害的情况下,更要发扬互助互爱的精神,积极进行抢救;立即向现场领导报告,或通过电话及其他方法向调度室报告事故发生的时间、地点、遇险人数及其他灾情;佩戴好自救器,带领距新鲜风流较近的灾区伤员选择正确线路逃离;阻止未佩戴自救器的人员进入灾区,防止事故扩大;绝对禁止任何人不分条件盲目进入灾区救人。

二、案例分析题

(一)

1. E 【解析】根据生产安全事故(以下简称事故)造成的人员伤亡或者直接经济损失,把事故分为如下几个等级:①特别重大事故,是指造成30人以上死亡,或者100人以上重伤(包括急性工业中毒,下同),或者1亿元以上直接经济损失的事故;②重大事故,是指造成10人以上30人以下死亡,或者50人以上100人以下重伤,或者5 000万元以上1亿元以下直接经济损失的事故;③较大事故,是指造成3人以上10人以下死亡,或者10人以上50人以下重伤,或者1 000万元以上5 000万元以下直接经济损失的事故;④一般事故,是指造成3人以下死亡,或者10人以下重伤,或者1 000万元以下直接经济损失的事故。所称的"以上"包括本数,所称的"以下"不包括本数。在衡量一个事故等级时,按照最严重的标准划分。

2. D 【解析】事故的直接经济损失包括:①人员伤亡后所支出的费用,如医疗费用、丧葬及抚恤费用、补助及救济费用、歇工工资等;②事故善后处理费用,如处理事故的事务性费用、现场抢救费用、现场清理费用、事故罚款和赔偿费用等;③事故造成的财产损失费用,如固定资产损失价值、流动资产损失价值等。停产、减产损失价值属于间接经济损失的统计范围。

3. ABE 【解析】瓦斯爆炸必须具备3个条件:①瓦斯含量在爆炸界限内5%~16%;②混合气体中氧气含量不低于12%;③有足够能量的点火源,温度不低于650℃,能量大于0.28mJ,持续时间大于爆炸感应期。

4. ABDE 【解析】根据《特种作业人员安全技术培训考核管理规定》,特种作业操作证有

续稳定的时间在 1 个月以上。

8. D 【解析】老窑积水水源突水的特点：①水量大、来势猛、时间短，具有很大的破坏性。突水量以静储量为主且储量与采空区分布范围有关；当老窑水与其他水源有水力联系时，可造成量大而稳定的涌水，危害性极大。②老窑水为多年积水，水循环条件差，多为酸性水，对井下设备具有很强的腐蚀性，且含有大量硫化氢气体，对人体危害性也较大。

9. A 【解析】矿井地震法主要用于探测煤层底板、侧帮及掘进工作面前方断层、裂隙发育带的位置，探测煤层小构造，对构造反应敏感。

10. C 【解析】探放水钻孔的布置方式与巷道类型、煤层厚度和产状有关。

11. B 【解析】陷落柱与断层突水征兆：①与陷落柱有关的突水，一般先突黄泥水，后突出黄泥和塌陷物；断层沟通奥灰顶部溶洞的突水多是先突黄泥水，后突出大量的溶洞中高黏度黄泥和细砂或水夹泥砂同时突出；而断层沟通奥灰强含水层发生的突水，很少有突出大量黄泥的现象。②与陷落柱有关的突水，来势猛、突水量大，突出物总量很大且岩性复杂；这种冲出大量突出物的现象，对断层突水来说，一般是极其少见的。③与陷落柱有关的突水，塌陷物突出过程一般都是先突煤系中的煤、岩碎屑、后突奥灰碎块。在突水点附近巷道或采场的突出物剖面上，常见下部是煤、岩碎屑，上部或表面是徐灰或奥灰的碎块，突出物常表现出与地下水活动有关的特征。选项 A、D 属于工作面底板灰岩含水层突水预兆，选项 C 属于冲积层水的突水预兆。

12. A 【解析】开采冲击地压煤层时，在应力集中区内不得布置 2 个工作面同时进行采掘作业。2 个掘进工作面之间的距离小于 150m 时，采煤工作面与掘进工作面之间的距离小于 350m 时，2 个采煤工作面之间的距离小于 500m 时，必须停止其中一个工作面。相邻矿井、相邻采区之间应当避免开采相互影响。严重冲击地压厚煤层中的巷道应当布置在应力集中区外。双巷掘进时 2 条平行巷道在时间、空间上应当避免相互影响。

13. C 【解析】钻屑法和电磁辐射法为局部监测和预测方法，综合指数法用于冲击地压危险程度分析与早期报警。微震法是一种区域性监测和预测预报的方法。

14. B 【解析】细尘：粒径为 $10\sim 40\mu m$，在明亮的光线下，肉眼可以看到，在静止空气中加速沉降。

15. C 【解析】选项 A 错误，通过煤层注水，一般将总粉尘浓度减少 75%～85%，呼吸性粉尘浓度减少 65% 以上。选项 B 错误，长孔注水方式主要应用于长壁式采煤法，孔长一般为 30～100m。选项 D 错误，短孔注水的孔长为采煤工作面一个循环的长度，一般为 2～3.5m，采用低压注水。

16. D 【解析】目前，煤矿常用的供电电压有高压和低压两种。高压：①10kV 地面变电所的电源电压；②6kV 大型设备的主要动力用电电压及下井电压。低压：①1 140V 综采工作面的常用动力电压；②660V 井下采掘运输等设备的动力用电电压；③380V 地面低压动力用电电压；④220V 地面照明或单相电器的用电电压；⑤127V 井下煤电钻、照明及信号装置的用电电压；⑥36V 矿用电器控制回路常用电压。

17. B 【解析】选项 A 错误，在检修或搬迁前，必须到所属配电室或分路总开关办理停电

参考答案及解析

《安全生产专业实务（煤矿安全）》必刷模拟试卷（一）

一、单项选择题

1. A 【解析】根据《煤矿安全规程》，矿井有害气体最高允许浓度不得超过下表的规定。

名称	最高允许浓度
一氧化碳（CO）	0.002 4%
氧化氮（换算成 NO_2）	0.000 25%
二氧化硫（SO_2）	0.000 5%
硫化氢（H_2S）	0.000 66%
氨（NH_3）	0.004%

2. B 【解析】根据《煤矿安全规程》，生产矿井采掘工作面空气温度不得超过26℃，机电设备硐室的空气温度不得超过30℃；当空气温度超过时，必须缩短超温地点工作人员的工作时间，并给予高温保健待遇。

3. D 【解析】矿井通风方式根据进、出风井的布置形式不同，分为中央式通风、对角式通风和混合式通风三种。

4. C 【解析】降低井巷摩擦阻力的措施有：①减小摩擦阻力系数；②保证有足够大的井巷断面；③尽量选用周长较小的断面；④减少巷道长度；⑤避免巷道内风量过于集中，即减小风量。选项C属于降低局部阻力的措施。

5. D 【解析】煤与瓦斯突出具有突发性、极大破坏性和瞬间携带大量瓦斯（二氧化碳）和煤（岩）冲出等特点，能摧毁井巷设施，破坏通风系统，造成人员窒息，甚至引起瓦斯爆炸和火灾事故，是煤矿最严重的灾害之一。

6. B 【解析】影响矿井瓦斯涌出量的因素主要有自然因素和开采技术。自然因素包括煤层及围岩的瓦斯含量、开采深度、地面大气压力变化。开采技术因素包括开采顺序与回采方法、回采速度与产量、落煤工艺、基本顶来压步距、通风压力、采空区密闭质量、采场通风系统等。

7. C 【解析】火区启封是一项危险的工作，只有经取样化验分析证实，同时具备下列条件时，方可认为火区已经熄灭，准予启封：①火区内温度下降到30℃以下，或与火灾发生前该区的空气日常温度相同；②火区内空气中的氧气浓度降到5%以下；③火区内空气中不含有乙烯、乙炔，一氧化碳浓度在封闭期间内逐渐下降，并稳定在0.001%以下；④火区的出水温度低于25℃，或与火灾发生前该区的日常出水温度相同；⑤以上4项指标持

(四)

某煤矿井田面积为15.2km²，开采方式为露天开采，核定生产能力为220×10⁴t/a，采用2.5m³液压挖掘机采装，采用载重32t、20t的自卸卡车运输。爆破采用生产台阶正常采掘爆破，爆破安全警戒距离符合相关要求。警戒哨与爆破工之间执行"三联系制"。

2015年8月17日，该地已有连续多日降雨。为完成当月生产任务量，二采区抓紧进行采掘工作。15时30分左右，该采区发生滑坡事故，在上、下取煤平台作业的7人连同一台挖掘机被滑坡土石埋压。该起事故共造成7人死亡，造成直接经济损失960万元。

事故调查发现，二采区边坡高陡，底板赋存不稳定且倾角大，在底板岩层完整性被破坏且连续降雨的情况下，仍存在违规冒险作业，引起边坡失稳，导致滑坡事故的发生。

根据以上场景，完成下列题目：（共26分）

1. 简述露天开采工艺。
2. 简述生产台阶正常采掘爆破方法。
3. 简述爆破安全警戒距离应符合的要求。
4. 简述警戒哨与爆破工之间执行"三联系制"的具体要求。
5. 简述露天矿不稳定边坡的治理方法。

（三）

某煤矿矿井采用立井单水平开拓，通风方式为分区对角式，通风方法为抽出式。该煤矿为煤与瓦斯突出矿井，煤尘具有爆炸危险性。

一采煤工作面回风巷采用锚杆＋锚索＋金属网联合支护。2015年6月8日，该工作面在掘进时，产生大量硬岩矸石。为及时处理大块岩石，掘进工作队队长决定采用裸眼爆破的方式。结果爆破激起大量煤尘，爆破产生的高温引燃煤尘，导致发生煤尘爆炸事故，造成该掘进工作面12人死亡。

事故调查发现，掘进工作面存在违章指挥、冒险组织爆破作业；多项安全技术措施落实不到位，煤矿安全部门虽然对掘进工作面爆破作业提出严格明确的要求，但现场作业人员未按规定执行；技术管理不到位，作业规程编制不规范，未深刻分析爆破等会产生的风险；掘进队中的安全教育培训流于形式，员工安全意识淡薄；该矿只有兼职的安全生产管理人员。

根据以上场景，完成下列题目：（共22分）
1. 简述煤尘爆炸需要具备的条件。
2. 简述煤尘爆炸的特点。
3. 简述防治煤尘爆炸的技术措施。
4. 简述该起事故的直接原因和间接原因。

（二）

某煤矿设计生产能力为 $160×10^4$ t/a，采用平硐、斜井开拓方式，属于高瓦斯矿井。该矿区范围内开采历史悠久，地质条件复杂，老空水害严重。针对这一情况，在采煤工作面采用直流电法、瑞利波探测技术进行井下超前探水。

某日早班，在2131回风巷掘进工作面作业的工人发现迎头后方5～6m处的巷道右帮渗水并报告当班技术员王某，王某经查看发现工作面底板向上约20～30cm的煤壁上有明显的出水点，立即命令暂停掘进，加强排水，对已掘巷道两帮补打锚杆。1小时后，王某到现场实地查看，发现水流没有明显变化，且水质较清无异味，也就没有重视。大约40分钟后，当班瓦检员张某突然听见风筒接口处有异常响声，并看到有约20cm高的水从2131回风巷向外流出，于是他转身向外跑，张某跑到进风斜井的电话处向地面调度室进行了汇报，调度室当即向矿领导汇报，矿领导立即打电话通知各队升井，此时2131回风巷掘进工作面电话已打不通，随后矿领导向当地煤矿监察局进行了汇报。

此次透水事故共造成28人死亡、15人重伤，造成直接经济损失2 360万元。

经调查发现，该煤矿没有按照"十六字原则"和"三专"要求做好防治水工作；对事故隐患不重视；缺乏安全教育，在存在安全隐患的情况下仍继续作业。

根据以上场景，完成下列题目：（共22分）
1. 简述直流电法探测技术、瑞利波探测技术的特点及应用。
2. 简述工作面底板灰岩含水层突水预兆。
3. 简述防治水工作的"三专"要求和"十六字原则"。
4. 简述防治老窑积水要解决的问题。

C. 选择支撑掩护或掩护式支架，适当缩小端面距
D. 遇到断层破碎带等围岩松动区域时，应考虑采用临时围岩加固措施
E. 采用及时支护，必要时采取临时支护措施

5. 井巷支护的方式主要有（　　）。

A. 简易支护
B. 锚喷支护
C. 棚状支架支护
D. 锚注支护
E. 钢筋混凝土支护

二、案例分析题

[共80分。案例（一）为客观题，包括单项选择题和多项选择题，案例（二）至（四）为主观题。单项选择题每题的备选项中只有1个最符合题意，多项选择题每题的备选项中有2个或2个以上符合题意。错选多选，本题不得分；少选，所选的每个选项得0.5分]

（一）

某煤矿矿井采用综合开拓方式，两翼对角式通风。该矿井为高瓦斯突出矿井，水文地质条件复杂。

2016年9月16日14时左右，当班班长带领作业人员进行爆破支护作业。爆破后，班长和工人甲、乙进入巷道排查隐患，班长发现顶板破碎，但没过多注意，于是三人开始进行巷道支护。甲在支护时发现顶板在靠煤壁附近有矸石冒落，当即大喊："危险，快跑！"话音刚落，冒落面积加大，甲被迅速冒落的矸石埋压，后经抢救无效死亡。班长和乙因躲避及时，只受轻伤。

根据以上场景，完成下列题目：（共10分，每题2分，1至2题为单项选择题，3至5题为多项选择题）

1. 根据出风井沿走向位置的不同，对角式通风分为两翼对角式通风和（　　　）。
   A. 中央对角式通风
   B. 分区对角式通风
   C. 串联对角式通风
   D. 并联对角式通风
   E. 混合对角式通风

2. 按照矿（地）压灾害的力源，该事故属于（　　　）。
   A. 冲击地压
   B. 综合类冒顶
   C. 压垮型冒顶
   D. 漏冒型冒顶
   E. 推垮型冒顶

3. 下列属于高瓦斯矿井的有（　　　）。
   A. 矿井任一掘进工作面绝对瓦斯涌出量大于$3m^3/min$
   B. 矿井任一采煤工作面绝对瓦斯涌出量大于$5m^3/min$
   C. 矿井相对瓦斯涌出量大于$10m^3/t$
   D. 矿井绝对瓦斯涌出量大于$40m^3/min$
   E. 矿井绝对瓦斯涌出量小于$40m^3/min$

4. 下列预防漏冒型冒顶的支护方案中，正确的有（　　　）。
   A. 支柱顶梁必须背严背实
   B. 支柱或支架能适应顶板的适当下沉

15. 下列关于防尘口罩的说法，正确的是（   ）。
    A. 呼吸空气量一般在20~30L/min以上
    B. 在没有粉尘、流量为30L/min条件下，吸气阻力应不大于30Pa，呼气阻力不大于50Pa
    C. 矿用防尘口罩应达到Ⅰ级标准，即对粒径小于5μm的粉尘，阻尘率应大于90%
    D. 妨碍视野角度应小于15°，主要是下视野

16. 根据《煤矿安全规程》，下列轨道机车运输规定的说法，错误的是（   ）。
    A. 运送物料时制动距离不得超过20m，运送人员时制动距离不得超过40m
    B. 同一区段线路上，不得同时行驶非机动车辆
    C. 新投用机车应当测定制动距离，之后每年测定1次
    D. 2辆机车或者2列列车在同一轨道同一方向行驶时，必须保持不少于100m的距离

17. 浅孔爆破时，高压电缆距松动爆破区外端的安全距离应为（   ），小于此距离应当拆除或者采取保护措施。
    A. 20m   B. 30m
    C. 40m   D. 50m

18. 排土场形成滑坡和泥石流灾害主要取决于基底承载力、排土工艺、岩土力学性质以及（   ）等。
    A. 降水与排水
    B. 气候与气象
    C. 水文地质
    D. 地下水和地表水的影响

19. 露天矿不稳定边坡治理方法中，适用于岩体中岩块较坚硬，裂隙发育连通，地下水丰富，严重影响边坡稳定的治理方法是（   ）。
    A. 疏干排水
    B. 注浆
    C. 挡墙
    D. 爆破滑面

20. 在灾区工作时，下列关于氧气呼吸器氧气压力消耗的要求，说法错误的是（   ）。
    A. 在倾角小于15°的巷道行进时，将1/2允许消耗的氧气量用于前进途中，1/2用于返回途中
    B. 在倾角等于15°的巷道中行进时，将2/3允许消耗的氧气量用于上行途中，1/3用于下行途中
    C. 在倾角大于15°的巷道中行进时，将3/4允许消耗的氧气量用于上行途中，1/4用于下行途中
    D. 救护队返回到井下基地时，必须至少保留5MPa气压的氧气余量

8. 反风分为全矿性反风和局部反风两种，下列区域发生火灾时，适宜采用局部反风的是（ ）。
   A. 进风井口
   B. 中央石门
   C. 井底车场
   D. 采煤工作面进风侧

9. 下列关于消防水池和井下消防管路系统的说法，错误的是（ ）。
   A. 地面的消防水池必须经常保持不少于200m³的水量
   B. 在带式输送机巷道中应每隔150m设置支管和阀门
   C. 井下消防管路系统应每隔100m设置支管和阀门
   D. 如果消防用水同生产、生活用水同一水池，应有确保消防用水的措施

10. 煤矿水害监测预警系统是对水位水压实时监测，突水预警预报。通过监测突水前兆因素的变化，经过突水发生标准模型的识别，对突水发生与否作出判断，并及时发出预警信号。预警系统工作流程中，预测、预报水情的下一个工作是（ ）。
    A. 专家系统分析
    B. 监测信息上传
    C. 远程监测预警
    D. 安装传感器

11. 下列现象中，属于工作面底板灰岩含水层突水预兆的是（ ）。
    A. 突水部位发潮、滴水
    B. 发生局部冒顶，水量突增并出现流砂
    C. 工作面压力增大，底板鼓起
    D. 顶板发生溃水、溃砂

12. 某煤矿采煤工作面顶板较破碎，但没有引起重视。工作面推进过程中，由于支护不及时，采煤机上方直接顶发生冒落，造成人员伤亡事故。按照矿（地）压灾害的力源，该冒顶事故属于（ ）。
    A. 推垮型冒顶
    B. 压垮型冒顶
    C. 漏冒型冒顶
    D. 冲击地压

13. 采煤工作面与掘进工作面之间的距离小于（ ）时，必须停止其中一个工作面。
    A. 150m   B. 200m
    C. 300m   D. 350m

14. 采区入风流净化水幕，应安设在风流分叉口支流内侧（ ）巷道内。
    A. 20～50m   B. 20～100m
    C. 30～50m   D. 30～100m

《安全生产专业实务（煤矿安全）》必刷模拟试卷（四）

（考试时间 150 分钟　满分 100 分）

一、单项选择题（共 20 题，每题 1 分。每题的备选项中，只有 1 个最符合题意）

1. 下列不属于水平巷道的是（　　）。
　　A. 煤门　　　　　　　　　　　　B. 溜井
　　C. 石门　　　　　　　　　　　　D. 平硐

2. 井田开拓方式很多，下列井田开拓方式中，属于按开采方式分类的是（　　）。
　　A. 综合开拓　　　　　　　　　　B. 立井开拓
　　C. 上山式开拓　　　　　　　　　D. 平硐开拓

3. 《煤矿安全规程》规定，一个采区内同一煤层的一翼最多只能布置（　　）个回采工作面和（　　）个掘进工作面同时作业。
　　A. 1，1　　　　　　　　　　　　B. 1，2
　　C. 2，1　　　　　　　　　　　　D. 2，2

4. 根据《煤矿安全规程》，采掘工作面的进风流中，氧气浓度不低于（　　），二氧化碳浓度不超过（　　）。
　　A. 20%，0.5%　　　　　　　　　B. 18%，0.5%
　　C. 20%，1%　　　　　　　　　　D. 18%，1%

5. 局部通风机通风分为（　　）。
　　A. 中央式、对角式和混合式
　　B. 抽出式、压入式和压抽混合式
　　C. 中央并列式和中央分列式
　　D. 两翼对角式和分区对角式

6. 影响矿井瓦斯涌出量的因素主要有自然因素和开采技术。下列不属于自然因素的是（　　）。
　　A. 地面大气压力变化
　　B. 开采深度
　　C. 开采顺序与回采方法
　　D. 瓦斯含量

7. 根据《煤矿安全规程》，低瓦斯矿井中，相对瓦斯涌出量大于（　　）或有瓦斯喷出的个别区域（采区或工作面）为高瓦斯区，该区应按高瓦斯矿井管理。
　　A. 10m³/t　　　　　　　　　　　B. 12m³/t
　　C. 15m³/t　　　　　　　　　　　D. 20m³/t

(四)

某煤矿采用井工开采方式,设计生产能力为 $150×10^4$ t/a,服务年限30年,煤矿证照齐全,2013年10月1日正式投产。该煤矿井下有2个综采工作面、5个掘进工作面。矿井开采的煤层已探明上部岩层中有2个含水层,开采煤层周边有采空区和废弃井巷,属于水文地质条件复杂的矿井,但仍未按规定对采空区进行探放水。

2018年5月25日13时,当班工人在井下21311掘进工作面作业时,发现巷道局部有"挂汗"、淋水、巷道发生片帮等透水征兆。当班技术员勘查现场后,安排继续作业。15时10分,21311掘进工作面发生了老空区透水事故。当班瓦检员听到有异常响声,并看到有约20cm高的水从21311掘进巷道向外流出,且巷道中煤尘飞扬,瓦检员立即向地面调度室进行了汇报。调度员立即通知井下所有作业人员升井,并向上级有关部门进行了汇报。

事发时,井下有作业人员135人、紧急升井81人。经3天奋力救援,36人获救。事故导致15人死亡、3人失踪。

根据以上场景,完成下列题目:(共26分)

1. 指出该起事故的直接原因。
2. 简述该煤矿应制定的综合防治水措施。
3. 指出该煤矿的开采过程中已知的矿井水害水源。
4. 指出21311掘进工作面出现巷道局部透水征兆时,应采取的处理措施。
5. 简述该煤矿掘进工作面进行探放水作业时,应落实的探放水措施。

（三）

某煤矿3213采煤工作面设计长度为680m，巷道净宽3.5m、净高2.1m，采用锚杆支护。

2016年3月20日夜班，当班班长带领作业人员共18人到达3213工作面作业现场，与中班的班长进行交接检查后，即安排割煤。19时30分左右，割煤、推溜、工作面煤壁侧支护工序完毕，开始由下而上回料。20时50分，在距下出口23.5m处作业现场发生了推垮型冒顶事故，冒落的矸石将正在该区域作业的6名工人埋住，其他作业人员迅速躲避到安全地点。

20时52分，煤矿调度室接到3213工作面的紧急电话汇报，调度员立即通知矿领导与相关职能部门及矿山救护队、井口急救站，同时向公司调度室汇报。随后，矿山救护队、矿领导于21时30分赶到事故现场指挥和参与抢救。

历经近30小时的救援，躲避到安全地点的12人成功升井，其中5人轻伤；被埋的6人全部找到，均当场死亡；直接经济损失为1650万元。

根据以上场景，完成下列题目：（共22分）
1. 简述常用的锚杆支护的作用机理。
2. 简述什么是推垮型冒顶，以及推垮型顶板灾害防治技术及措施。
3. 简述采煤工作面冒顶时的避灾自救措施。
4. 简述矿山救护队抢救遇险人员的方法。

（二）

某煤矿设计生产能力 $35 \times 10^4 t/a$，其所采煤层自然倾向性为不易自燃，煤尘具有爆炸危险性，地质条件较差。该煤矿明确了安全生产管理机构和安全生产管理人员的职责，由安全科科长全面负责煤矿的安全管理工作，安全生产管理人员暂由井下作业班长兼任。

2132 掘进工作面采用锚杆支护，利用局部通风机进行通风。工作面在掘进到 350m 处时，遇有硬岩，作业班长张某决定采用打眼爆破的方式进行掘进。在爆破结束后，张某发现掘进工作面迎头出现一个孔洞，后经证实为地下采空区，此时迎头的瓦斯检测仪开始报警。张某为及时完成当班任务，没有理会，继续组织现场工人进行作业，支护完第一排锚杆后，进行打眼爆破作业。结果第二次爆破后发生瓦斯爆炸，共造成 9 人死亡、12 人重伤，造成直接经济损失 1 630 万元。

根据以上场景，完成下列题目：（共 22 分）

1. 确定该起事故的事故等级，说明理由。简述该起事故应由哪一级人民政府负责调查。
2. 该煤矿安全管理工作存在哪些不妥之处，说明理由。
3. 分析该起瓦斯爆炸事故发生的直接原因和间接原因。
4. 为防止类似瓦斯爆炸事故的发生，指出该煤矿应采取的改进措施。

C. 受害群众未得到赔偿不放过
D. 防范措施不落实不放过
E. 职工群众未受到教育不放过

5. 煤矿安全监察体制的特点有（　　）。

A. 实行平行管理　　　　　　　　B. 监察和监管分开
C. 分区监察　　　　　　　　　　D. 监察和监管合并
E. 国家监察

二、案例分析题 [共80分。案例（一）为客观题，包括单项选择题和多项选择题，案例（二）至（四）为主观题。单项选择题每题的备选项中只有1个最符合题意，多项选择题每题的备选项中有2个或2个以上符合题意。错选多选，本题不得分；少选，所选的每个选项得0.5分]

(一)

某煤矿位于A省B市C县，矿井水文地质类型为中等，煤层具有自燃倾向性。

2017年4月16日，该矿发生一起煤层自燃发火事故。事故发生时，共有35人被困井下。该矿矿长接到事故报告后，立即上报给当地煤矿监察部门，并展开抢险救援工作。据统计，该起事故共造成16人死亡、12人重伤。造成的经济损失有：丧葬及抚恤费用为1 300万元，医疗费用400万元，歇工工资140万元，固定资产损失价值2 000万元，现场抢救费用500万元，事故罚款450万元，停产损失价值800万元，资源损失价值1 200万元。

事故发生后，事故调查组成立，对事故进行了调查分析，并按照"四不放过"原则对事故责任者进行了处理。煤矿安全监察机构依法对该煤矿实施安全监察行政执法，对煤矿进行安全监察。

根据以上场景，完成下列题目：（共10分，每题2分，1至2题为单项选择题，3至5题为多项选择题）

1. 该起事故的直接经济损失为（　　）万元。
   A. 4 340
   B. 4 790
   C. 5 590
   D. 6 650
   E. 6 790

2. 该起事故应由（　　）组织事故调查组进行调查。
   A. 国务院
   B. 国务院授权的有关部门
   C. A省人民政府
   D. B市人民政府
   E. C县人民政府

3. 事故调查组的成员应当由（　　）等派人组成。
   A. 有关人民政府
   B. 监察机关
   C. 公安机关
   D. 有关专家
   E. 应急管理部门

4. 事故调查"四不放过"原则包括（　　）。
   A. 事故原因不查清不放过
   B. 事故责任者未受到处理不放过

14. 影响尘肺病发生发展的因素有（　　）。
    A. 粉尘的化学成分、粒径和分散度、粉尘浓度、粉尘停留时间和劳动强度
    B. 粉尘的化学成分、粒径和分散度、接触时间、劳动强度和个人身体健康状况
    C. 粉尘的性质、粒径和分散度、粉尘浓度、粉尘停留时间和个人身体健康状况
    D. 粉尘的性质、粒径和分散度、接触时间、劳动强度和个人身体健康状况

15. 某煤矿计划采用煤层注水技术减少煤尘浓度，以降低煤尘污染，保证作业面人员的身体健康。下列条件中，可判定为注水煤尘的是（　　）。
    A. 原有水分（W）≤1%、孔隙率（η）≥4%、吸水率（δ）≥1%、坚固性系数（f）≥0.1
    B. 原有水分（W）≤2%、孔隙率（η）≥4%、吸水率（δ）≥1%、坚固性系数（f）≥0.2
    C. 原有水分（W）≤3%、孔隙率（η）≥4%、吸水率（δ）≥1%、坚固性系数（f）≥0.3
    D. 原有水分（W）≤4%、孔隙率（η）≥4%、吸水率（δ）≥1%、坚固性系数（f）≥0.4

16. 煤矿井下供电系统的三大保护是指（　　）。
    A. 过流保护、漏电保护、接地保护
    B. 过压保护、漏电保护、接线保护
    C. 过载保护、漏电保护、接地保护
    D. 过流保护、漏电保护、接线保护

17. 下列关于刮板输送机安全使用的说法，错误的是（　　）。
    A. 刮板输送机与转载搭接时要保证搭接高度在0.3m以上，前后交错距离不小于0.5m
    B. 刮板输送机司机必须在机头两侧1.0m外操作刮板输送机
    C. 严格执行停机处理故障、停机检查制度，停机后将开关闭锁，并在开关手把上悬挂"有人作业，禁止送电"警示牌
    D. 刮板输送机的日常维护管理要做到"三平、两直、两无、四勤"

18. 下列关于矿用卡车运输排土场排弃作业时必须遵守的规定，下列说法正确的是（　　）。
    A. 车型小于240t时安全挡墙高度不得低于轮胎直径的0.35倍
    B. 车型大于240t时安全挡墙高度不得低于轮胎直径的0.4倍
    C. 排土工作面向坡顶线方向应当保持2%～3%的反坡
    D. 排土场卸载区必须有连续的安全挡墙

19. 露天矿不稳定边坡治理方法很多，下列适用于边坡岩体内含水多，滑床岩体渗透性差的不稳定边坡治理方法是（　　）。
    A. 注浆
    B. 挡墙
    C. 缓坡清理
    D. 疏干排水

20. 下列关于矿山救护应遵循的原则，说法错误的是（　　）。
    A. 指战员进入前必须检查氧气呼吸器，氧气压力不得低于18MPa
    B. 使用过程中，氧气呼吸器的压力不得低于5MPa
    C. 发生事故后，应立即保护设备设施，抢救财产
    D. 在引导及搬运遇险人员时，应给遇险人员佩戴全面罩氧气呼吸器或隔绝式自救器

D. 矿井任一采煤工作面绝对瓦斯涌出量大于 $3m^3/min$

7. 煤炭自燃是一个复杂的物理化学过程，具备一定条件才会发生。下列煤炭自燃应同时具备的条件，正确的是（　　）。
   A. 煤的发火率较高、有足够的通风供氧条件、破碎状态堆积热量积聚、持续一定的时间
   B. 煤的发火率较高、有连续的通风供氧条件、煤的物理化学性质、持续一定的时间
   C. 煤具有自燃倾向性、有足够的通风供氧条件、煤的物理化学性质、持续一定的时间
   D. 煤具有自燃倾向性、有连续的通风供氧条件、破碎状态堆积热量积聚、持续一定的时间

8. 灌浆防灭火技术是将水与不燃性的固体材料按适当的配比，制成一定浓度的浆液，利用输浆管道送至可能发生或已经发生自燃的地点，以防止发生自燃或扑灭火灾。下列制浆用的材料特性中，不符合要求的是（　　）。
   A. 一般要求含砂量为 15％～20％
   B. 不含可燃、助燃成分
   C. 泥土粒度不大于 2mm
   D. 浆液渗透力强

9. 老空水探放水钻孔布置时，钻孔密度通常不得超过（　　）m。
   A. 2　　　　　　　　　　　　B. 3
   C. 4　　　　　　　　　　　　D. 5

10. 煤矿水害监测预警系统部分工作流程有：①确定监测指标和最佳位置；②监测信息上传；③预测、预报水情；④监测特定位置的温度、水压、特征离子、应力、应变或位移、渗透压力、声发射；⑤安装传感器；⑥专家系统分析。正确的是（　　）。
    A. ①⑤④⑥②③　　　　　　　B. ①④⑤⑥②③
    C. ①⑤④②③⑥　　　　　　　D. ①④⑤②③⑥

11. 底板破裂，沿裂隙有高压水喷出，并伴有"嘶嘶"声或刺耳水声，这种现象属于（　　）。
    A. 一般预兆
    B. 工作面底板灰岩含水层突水预兆
    C. 陷落柱与断层突水征兆
    D. 冲积层水的突水预兆

12. 钻屑法是通过在煤层中打直径 42～50mm 的钻孔，根据排出的煤粉量及其变化规律和有关动力效应鉴别冲击地压的一种方法。钻屑法的检测指标不包括（　　）。
    A. 地质构造　　　　　　　　B. 钻屑量
    C. 深度　　　　　　　　　　D. 动力效应

13. 微尘的粒径为（　　）。
    A. 大于 $40\mu m$　　　　　　　B. $10～40\mu m$
    C. $0.25～10\mu m$　　　　　　D. 小于 $0.25\mu m$

《安全生产专业实务（煤矿安全）》必刷模拟试卷（三）

（考试时间 150 分钟　满分 100 分）

一、单项选择题（共 20 题，每题 1 分。每题的备选项中，只有 1 个最符合题意）

1. 下列关于采煤方法和采煤工艺的说法，正确的是（　　）。
   A. 采煤工作面长度一般在 80m 以上的称为长壁工作面
   B. 采煤工作面内主要有破煤、装煤、运煤、支护及采空区处理等工序
   C. 第二阶段为破煤、装煤、运煤、支护、采空区处理综合机械化、自动化阶段，即综合机械化采煤阶段
   D. 第三阶段为普通机械化采煤阶段

2. 下列不属于衡量矿井气候条件的指标的是（　　）。
   A. 卡他度　　　　　　　　　　　　B. 同感温度
   C. 干球温度　　　　　　　　　　　D. 体感温度

3. 掘进巷道必须采用全风压通风或局部通风机通风。煤巷、半煤岩巷和有瓦斯涌出的岩巷的掘进通风方式应采用（　　）。
   A. 压入式　　　　　　　　　　　　B. 抽出式
   C. 混合式　　　　　　　　　　　　D. 离心式

4. 下列关于降低煤矿巷道局部阻力措施的说法中，正确的是（　　）。
   A. 掘进巷道转弯时，转角越大越好
   B. 及时巷道内部的堆积物
   C. 加大产生局部阻力地点的风速及巷道的粗糙度
   D. 井下尽量使用风窗来调节风量

5. 瓦斯爆炸必须具备一定的条件，下列不属于瓦斯爆炸条件的是（　　）。
   A. 瓦斯含量在爆炸界限内 5%～16%
   B. 混合气体中氧气含量不低于 12%
   C. 瓦斯浓度在 16% 以上
   D. 有足够能量的点火源，温度不低于 650℃，能量大于 0.28 mJ，持续时间大于爆炸感应期

6. 根据矿井相对瓦斯涌出量、矿井绝对瓦斯涌出量、工作面绝对瓦斯涌出量和瓦斯涌出形式，将矿井瓦斯等级划分为煤（岩）与瓦斯（二氧化碳）突出矿井（以下简称突出矿井）、高瓦斯矿井、低瓦斯矿井。下列属于高瓦斯矿井的是（　　）。
   A. 矿井相对瓦斯涌出量大于 10m³/t
   B. 矿井绝对瓦斯涌出量大于 30m³/min
   C. 矿井任一掘进工作面绝对瓦斯涌出量大于 2m³/min

(四)

某煤矿矿井采用斜井开拓，混合式通风。该矿井为煤与瓦斯突出矿井，为保障生产安全，矿井装备了安全监控系统和瓦斯抽放系统。

某日中班，掘进二区工作面有21人上班。矿调度室瓦斯监测显示，回风巷瓦斯涌出量突然上升，矿调度员立即通知机电队调度员切断该区域的电源。机电队调度员接到汇报后，切断了该区域除风机以外的所有电源。20分钟后，因回风巷风门被煤岩体堵住，风门打不开，发生了煤与瓦斯突出事故。风门内有掘进二区和综合队共计32名作业人员在作业。

矿领导接到事故报告后，立即启动应急救援预案，成立救灾总指挥部，由矿长任总指挥，生产副矿长任现场总指挥。随后，救护队按救灾指挥部的命令和行动计划对巷道进行全面侦察。此次事故共造成25人死亡、7人重伤，造成直接经济损失1 280万元。

根据以上场景，完成下列题目：（共26分）

1. 简述煤矿主要负责人的安全生产职责。
2. 简述煤矿安全生产管理人员安全生产职责。
3. 简述煤矿瓦斯的性质。
4. 指出煤与瓦斯突出的预兆。
5. 简述防治煤与瓦斯突出的技术措施。

(三)

某煤矿矿井采用立井单水平开拓，长壁采煤法采煤。矿井通风方式为中央边界式，通风方法为抽出式。

所开采的2#煤层具有强冲击倾向性，煤层顶板岩层具有弱冲击倾向性。该矿井根据冲击倾向性装备了1套覆盖全矿井的微震监测系统，配合钻屑法、电磁辐射法对采掘工作面冲击危险性进行检测；冲击危险煤层采煤工作面采用钻孔卸压等措施解除冲击地压危险。

某日夜班，1205工作面采煤机正在割煤，工作面突然出现煤炮，当班班长决定暂停生产，准备撤人，随后工作面内突然发生巨大声响和震动，发生了冲击地压。工作面内的16名工人受到不同程度的冲击，9人死亡，7人重伤。

根据以上场景，完成下列题目：（共22分）
1. 指出中央边界式通风适用的矿井类型。
2. 简述冲击地压的明显特征。
3. 简述冲击地压的解危措施除钻孔卸压外，还有哪些措施。
4. 简述冲击地压发生的具体原因。

（二）

某煤矿设计生产能力为 $120×10^4$ t/a，矿井瓦斯等级为高瓦斯矿井，煤尘有爆炸危险性。煤层具有自燃倾向性，自开采以来发生过数次自然发火事故，平均每年1.5次，每次时间持续较长，征兆较为明显，不仅威胁矿井安全生产，危及职工人身安全，而且造成重大生命财产损失。

为此，该煤矿痛定思痛，认真吸取教训，总结经验，加强火区封闭和启封的安全管理，该煤矿实现了近2年无自然发火事故。

根据以上场景，完成下列题目：（共22分）

1. 简述煤炭自燃的条件。
2. 简述煤炭自燃的预防措施。
3. 指出火区封闭应在什么情况下进行。简述在多风路的火区建造防火墙时，应根据哪些情况来决定封闭火区的顺序。
4. 指出火区启封应当具备的条件。

4. 孔隙、裂隙水防治措施有（　　）。
   A. 留设防水煤柱
   B. 改变采煤方法
   C. 防渗堵漏
   D. 超前疏干
   E. 注浆堵水

5. 下列关于矿井防治水工作的总体要求，说法正确的有（　　）。
   A. 探放水工作中的"三专"指的是专门探放水队伍、专业技术人员、专用探放水设备
   B. 探放水工作应坚持"预测预报、有疑必探、先探后掘、先治后采"十六字原则
   C. 探放水工作应落实"探、防、堵、疏、排、截、监"等综合治理措施
   D. 应坚持先易后难，先远后近，先地面后井下，先一般后重点，地面与井下相结合，重点与一般相结合
   E. 应注意矿井水的综合利用，实现排、供结合，保护矿区地下水资源和环境

二、案例分析题 [共80分。案例（一）为客观题，包括单项选择题和多项选择题，案例（二）至（四）为主观题。单项选择题每题的备选项中只有1个最符合题意，多项选择题每题的备选项中有2个或2个以上符合题意。错选多选，本题不得分；少选，所选的每个选项得0.5分]

（一）

某煤矿设计生产能力为 $30×10^4 t/a$，采用斜井开拓。该矿为低瓦斯矿井，矿井通风方式为中央并列式，通风方法为抽出式。该矿主要充水水源为四周老窑积水及断层导通的孔隙、裂隙含水层地下水。

2016年5月18日19时30分，3211掘进工作面巷道已出现透水征兆，但相关人员未采取有效的防治水措施，仍违法在靠近采空区处组织生产，冒险作业。受爆破震动、水压浸泡以及采掘活动带来的矿山压力变化的影响，老窑积水区的有限煤岩柱被破坏，导致透水事故发生，造成26人死亡，造成直接经济损失2312万元。

根据以上场景，完成下列题目：（共10分，每题2分，1至2题为单项选择题，3至5题为多项选择题）

1. 根据《生产安全事故报告和调查处理条例》的规定，该起事故属于（　　）。
   A. 一般事故
   B. 较大事故
   C. 重大事故
   D. 特别重大事故
   E. 严重事故

2. 该起事故应逐级上报至（　　）。
   A. 设区的县级人民政府应急管理部门和负有安全生产监督管理职责的有关部门
   B. 设区的市级人民政府应急管理部门和负有安全生产监督管理职责的有关部门
   C. 省级人民政府应急管理部门和负有安全生产监督管理职责的有关部门
   D. 国务院应急管理部门和负有安全生产监督管理职责的有关部门
   E. 事故发生地人民政府应急管理部门和负有安全生产监督管理职责的有关部门

3. 老窑积水的特点有（　　）。
   A. 水量大、来势猛
   B. 破坏性小
   C. 多为碱性水
   D. 含有大量有害气体
   E. 对人体危害性较大

14. 掘进工作面停送电时，（　　）手持式电气设备必须使用综合保护，操作手把和工作中必须接触的部分应有良好的绝缘，否则不准操作。
   A. 36V
   B. 48V
   C. 127V
   D. 220V

15. 下列关于煤矿巷道斜巷（斜坡）运输安全要求的说法，正确的是（　　）。
   A. 主要运输斜巷除"一坡三挡"外，其上部车场必须装设阻车器
   B. 变坡点以下10m左右装设一道安全门或与绞车连锁的安全门
   C. 斜长大于30m时，在下车场变坡点向上15m左右安设一道安全门
   D. 斜巷超过100m时，必须装设捕车器，且每100m左右装一道触发机构，至挡车机构不得小于25m

16. 机车等机动设备在警戒范围内且不能撤离时，应采取安全措施。深孔爆破时，挖掘机司机室背向爆破区，挖掘机距松动爆破区外端的安全距离应为（　　）。
   A. 20m
   B. 30m
   C. 40m
   D. 50m

17. 下列矿井电气设备中，应采用一类负荷的是（　　）。
   A. 压风机
   B. 机修厂
   C. 非提升人员的主提升机
   D. 高瓦斯矿井的区域通风机

18. 根据《煤矿安全规程》和《电业安全工作规程》的有关规定，下列关于电气设备停送电的说法，错误的是（　　）。
   A. 严格执行"谁停电谁送电"的原则
   B. 具体现场操作停送电工作时，机电科负责人、调度科负责人、施工负责人三人必须同时在现场签字后方可从事停送电工作
   C. 井下停送电及检修设备实行"三连锁"制度
   D. 井下所有漏电保护，每天必须专人试验一次，发现问题立即处理

19. 下列关于排土场管理的说法，正确的是（　　）。
   A. 排土场必须按设计要求进行排弃，排土段高为50m；排土场最小平盘宽度不得小于100m
   B. 作业时生产指挥人员必须与推土机保持30m以上的安全距离
   C. 排土场地要留有3%~5%的反坡，排土场边缘要设有1~2m的安全土挡
   D. 推土机推土时，掌子边缘要留有高0.5~1.0m、宽2.0~2.5m的土堤，保证矿用卡车卸土时的安全，排土时推土板不应超过掌子边缘

20. 重大灾害事故预警分为四级，其中，橙色属于（　　）级。
   A. Ⅳ级
   B. Ⅲ级
   C. Ⅱ级
   D. Ⅰ级

7. 根据《煤矿安全规程》，专用排瓦斯巷内必须安设甲烷传感器，甲烷传感器应当悬挂在距专用排瓦斯巷回风口（　　）处。
   A. 5～10m
   B. 15～20m
   C. 10～15m
   D. 20～25m

8. 水源从井口、采空冒裂带、岩溶地面塌陷坑或洞、断层带及煤层顶底板或封孔不良的旧钻孔充水或导水，这种水害属于（　　）。
   A. 老空水水害
   B. 地表水水害
   C. 裂隙水水害
   D. 孔隙水水害

9. 下列不属于井下探放水钻孔布置的参数是（　　）。
   A. 允许掘进距离
   B. 钻孔密度
   C. 超前距
   D. 煤层厚度

10. 突水部位发潮、滴水且滴水现象逐渐增大，仔细观察可以发现水中含有少量细砂，这种现象属于（　　）。
    A. 一般预兆
    B. 陷落柱与断层突水征兆
    C. 工作面底板灰岩含水层突水预兆
    D. 冲积层水的突水预兆

11. 下列关于粉尘爆炸的说法，正确的是（　　）。
    A. 可燃物质爆炸比粉尘爆炸复杂
    B. 粉尘爆炸的剧烈程度与粉尘的物理化学性质以及周围空气条件密切相关
    C. 粉尘爆炸一般只发生一次
    D. 粉尘爆炸上限浓度为 20～60g/m³

12. 净化水幕应安设在支护完好、壁面平整、无断裂破碎的巷道段内。下列净化水幕的安设位置，正确的是（　　）。
    A. 采区入风流净化水幕，在风流分叉口支流内侧 20～50m 巷道内
    B. 矿井总入风流净化水幕，在距井口 30～100m 巷道内
    C. 掘进回风流净化水幕，在距工作面 10～20m 巷道内
    D. 采煤回风流净化水幕，在距工作面回风口 30～50m 回风巷内

13. 下列关于防尘口罩的说法，错误的是（　　）。
    A. 自吸过滤式防尘口罩可分为简易式防尘口罩和复式防尘口罩两种
    B. 简易式防尘口罩适用于氧气浓度不低于 18％且无其他有害气体的作业环境
    C. 复式防尘口罩佩戴舒适、便于清洗，更换滤料后可重复使用
    D. 简易式防尘口罩结构简单，滤料可采用合成超细纤维无纺滤料等，经清洗后可重复使用

《安全生产专业实务（煤矿安全）》必刷模拟试卷（二）

（考试时间 150 分钟　满分 100 分）

一、单项选择题（共 20 题，每题 1 分。每题的备选项中，只有 1 个最符合题意）

1. 下列不属于采煤主要工序的是（　　）。
   A. 破煤　　　　　　　　　　　　B. 防治水
   C. 支护　　　　　　　　　　　　D. 采空区处理

2. 根据《煤矿安全规程》，下列说法错误的是（　　）。
   A. 一个采区内同一煤层的一翼最多只能布置 1 个回采工作面和 2 个掘进工作面同时作业
   B. 一个采区内同一煤层双翼开采或多煤层开采的，该采区最多只能布置 2 个回采工作面和 4 个掘进工作面同时作业
   C. 采掘过程中严禁任意扩大和缩小设计规定的煤柱
   D. 突出矿井、高瓦斯矿井、低瓦斯矿井高瓦斯区域的采煤工作面，应采用前进式采煤方法

3. 根据通风阻力定律，若已测得巷道的摩擦阻力、风量和该段巷道的几何参数，参阅有关公式，即可求得巷道的摩擦阻力系数。下列关于现场测定摩擦阻力系数时注意事项的说法，正确的是（　　）。
   A. 在局部阻力物后布置测点，距离不得小于巷宽的 8~10 倍
   B. 测段距离和风量均较大，压差不低于 30Pa
   C. 必须选择支护形式一致、巷道断面不变和方向不变（不存在局部阻力）的巷道
   D. 在局部阻力物前布置测点，距离不得小于巷宽的 2 倍

4. 采掘工作面的空气温度超过（　　），机电设备硐室的空气温度超过（　　）时，必须停止作业。
   A. 26℃，32℃　　　　　　　　　B. 26℃，34℃
   C. 30℃，32℃　　　　　　　　　D. 30℃，34℃

5. 下列不属于隔断风流的设施是（　　）。
   A. 风门　　　　　　　　　　　　B. 风硐
   C. 防爆门　　　　　　　　　　　D. 挡风墙

6. 根据热源不同，矿井火灾分为内因火灾和外因火灾。下列矿井火灾中，属于内因火灾的是（　　）。
   A. 煤自燃形成的火灾
   B. 机电硐室机械设备产生火花而形成的火灾
   C. 采掘工作面因爆破作业发生的火灾
   D. 巷道电器设备损坏、电流短路形成的火灾

(四)

某煤矿矿井有冲击地压危险，针对这一情况，该矿明确了各级负责人的冲击地压防治职责，编制了冲击地压事故应急预案，制定了冲击地压防治各项安全规章制度。

该矿一采煤工作面为孤岛工作面，开采深度320～335m，与两侧采空区之间设计留有30m宽的煤柱，煤层上方有较厚的坚硬岩层，局部发育有断层。该工作面回风巷在掘进至接近前方断层时，发生一起冲击地压事故，导致该工作面回风巷发生底鼓，冒顶严重。当班的21名工人全部被困掘进工作面附近。

事故发生后，煤矿立即启动应急预案，组织救护队下井救援。经过52小时全力抢救，16人成功脱险。事故共造成2人死亡、3人重伤。

为吸取本次事故教训，煤矿以《防治煤矿冲击地压细则》为依据，重新编制了防冲设计，加强了冲击危险性预测、监测工作，完善了防冲管理制度和安全防护措施。

根据以上场景，完成下列题目：（共26分）

1. 指出煤矿主要负责人、总工程师和其他负责人在防治煤矿冲击地压工作中的职责分工。
2. 指出此次冲击地压事故发生的客观影响因素。
3. 简述冲击地压预测的方法。
4. 简述冲击地压的安全防护措施。
5. 简述采煤工作面冒顶时遇险人员应如何开展自救和互救。

（三）

某煤矿设计生产能力为 80×10^4 t/a，该煤矿属于低瓦斯矿井，煤层具有自燃倾向性和爆炸危险性，水文地质条件复杂。各巷道施工采用综合机械化掘进，遇有硬岩时采用打眼爆破的方式进行掘进。

2321 区段回风平巷掘进工作面位于三采区，沿顶板掘进时，顶板采用锚杆锚索配合金属网进行支护，两帮采用塑编网配合支护。2015 年 6 月 10 日 11 时，2321 工作面掘进过程中，由于煤层赋存深度增大，煤层瓦斯涌出量逐渐增大，同时顶板淋水较大。当班班长张某发现工作面瓦斯检测仪浓度逐渐上升，遂派人查看局部通风机通风情况，后检查人员反馈风筒漏风严重，已经进行封堵处理。之后，瓦斯浓度逐步稳定。13 时 45 分，瓦斯检测仪浓度继续上升至 1.2%，掘进工作面断电。张某命令现场作业人员立即撤出，撤退到进风流中，并报告矿调度室及掘进队值班室。该煤矿于 17 时决定对 2321 掘进工作面采取排放瓦斯的措施。

事后对该起瓦斯超限事故的调查发现，该掘进工作面的局部通风机风压不稳，缺少维护，且沿线风筒漏风较为严重，同时煤层瓦斯涌出量增大，造成掘进工作面所需风量不足。

根据以上场景，完成下列题目：（共 22 分）
1. 简述低瓦斯矿井应当具备的条件。
2. 简述影响矿井瓦斯涌出量的主要因素。
3. 简述防治采煤工作面瓦斯积聚的方法和措施。
4. 根据《煤矿安全规程》，简述对矿井主要通风机安装和使用的要求。

(二)

××煤矿矿井采用斜井开拓,井下采用爆破落煤、人工和装载机装煤、机动三轮车运煤至地面。通风方式为抽出式。该矿井经年度瓦斯等级鉴定为低瓦斯矿井。

该煤矿在2013年煤矿安全评价中,因不具备安全生产条件被有关部门下达了停产整顿指令。事故发生前,该矿未执行有关部门下达的停产指令,仍违法组织生产。2014年3月30日早班,带班班长带领31名工人(安全工1名,爆破工2名,三轮车司机16名,装车工12名)下井作业。约9时20分,爆破工甲和乙在工作面爆破时打透积水老空区,导致透水事故发生。在距透水点30m处躲炮的17名矿工跑出地面,并向该矿负责人报告了事故,其余15名矿工被困井下。该起事故造成13人死亡、2人重伤,造成直接经济损失587.5万元。

事故发生后,有关部门成立了事故调查组。事故调查发现,该煤矿安全管理机构不健全,没有制定符合实际的规章制度、作业规程、灾害预防计划,没有采取有效的井下探放水安全技术措施。安全管理人员及井下作业人员安全意识淡薄,工人安全技术素质较差。

根据以上场景,完成下列题目:(共22分)
1. 简述该起事故发生的原因。
2. 简述该起事故应由谁组织事故调查组进行调查。
3. 简述采掘工作面在什么情况下应采取井下探放水措施。
4. 简述井下探放水的原则和措施。

C. 混合气体中氧气含量不低于15%

D. 点火源持续时间小于爆炸感应期

E. 点火源温度不低于650℃

4. 下列关于特种作业人员培训的说法，正确的有（   ）。

   A. 特种作业操作证有效期为6年，在全国范围内有效

   B. 特种作业证每3年复审一次

   C. 安全培训时间不少于16个学时

   D. 跨省、自治区、直辖市从业的特种作业人员，可以在户籍所在地或者从业所在地参加培训

   E. 特种作业操作证申请复审或者延期复审前，特种作业人员应当参加必要的安全培训并考试合格

5. 1#井发生瓦斯爆炸的原因有（   ）。

   A. 入井人员没有配备自救器

   B. 井下没有隔爆设施和消尘洒水系统

   C. 1#井工作面风电闭锁装置发生故障而拆除，未及时更换

   D. 爆破员进行爆破作业，并违章使用煤电钻电源插销，明火爆破产生火花，引起瓦斯爆炸

   E. 井下停电停风，引起瓦斯积聚

20. 瓦斯煤尘爆炸事故发生时，下列处于危险区外人员的抢救措施中，错误的是（　　）。
   A. 抓紧时间，马上进入灾区救人
   B. 立即向现场领导报告，或通过电话及其他方法向调度室报告事故发生的时间、地点、遇险人数及其他灾情
   C. 佩戴好自救器，带领距新鲜风流较近的灾区伤员选择正确线路逃离
   D. 阻止未佩戴自救器的人员进入灾区，防止事故扩大

二、案例分析题〔共80分。案例（一）为客观题，包括单项选择题和多项选择题，案例（二）至（四）为主观题。单项选择题每题的备选项中只有1个最符合题意，多项选择题每题的备选项中有2个或2个以上符合题意。错选多选，本题不得分；少选，所选的每个选项得0.5分〕

（一）

2018年3月24日11时25分，某煤矿1#井发生一起特别重大瓦斯爆炸事故，死亡39人，伤12人，事故直接经济损失1650万元。

3月24日早8时左右，1#井67人入井。9时20分，井下停电，1#井工作面风电闭锁装置因故障于3月2日拆除，至24日仍未及时更换。井下停电停风，引起瓦斯积聚。停电后，工人仍在井下工作。11时25分，在1#井工作面，爆破员正在进行爆破作业，其他人员处于躲炮位置。因爆破员违章使用煤电钻电源插销，明火爆破产生火花，引起瓦斯爆炸。

事故调查中发现，1#井制定了工作面停风撤人和瓦斯排放制度，瓦斯巡视员对巡视路线、巡视点和检查时间、巡视记录不清；入井人员没有配备自救器；井下没有隔爆设施和消尘洒水系统。特种作业人员（瓦斯检查工、爆破工等）未按规定培训考核和持证上岗。

根据以上场景，完成下列题目：（共10分，每题2分，1至2题为单项选择题，3至5题为多项选择题）

1. 根据《生产安全事故报告和调查处理条例》的规定，该起事故属于（　　）。
   A. 一般事故　　　　　　　　B. 较大事故
   C. 重大事故　　　　　　　　D. 严重事故
   E. 特别重大事故

2. 下列损失不应计入直接经济损失的是（　　）。
   A. 丧葬及抚恤费用
   B. 现场抢救费用
   C. 事故罚款和赔偿费用
   D. 停产、减产损失价值
   E. 歇工工资

3. 下列属于瓦斯爆炸发生条件的有（　　）。
   A. 瓦斯含量在爆炸界限内5%～16%
   B. 有足够能量的点火源

13. 冲击地压预测的方法有区域危险性预测和局部危险性预测。下列方法中，属于区域性监测方法的是（　　）。
   A. 钻屑法
   B. 综合指数法
   C. 微震法
   D. 电磁辐射法

14. 按粉尘的粒径划分，粒径为 10～40μm 的矿尘颗粒为（　　）。
   A. 粗尘   B. 细尘
   C. 微尘   D. 超微粉尘

15. 下列关于煤层注水的说法，正确的是（　　）。
   A. 通过煤层注水，一般将总粉尘浓度减少 85%～95%，呼吸性粉尘浓度减少 65% 以上
   B. 长孔注水方式主要应用于长壁式采煤法，孔长一般为 30～50m
   C. 深孔注水的孔长为采煤工作面数个循环进度，一般为 5～25m
   D. 短孔注水的孔长为采煤工作面一个循环的长度，一般为 2～3.5m，采用高压注水

16. 下列关于矿井电压等级的说法，正确的是（　　）。
   A. 大型设备的主要动力用电电压及下井电压应为 10kV
   B. 综采工作面的常用动力电压应为 660V
   C. 井下采掘运输等设备的动力用电电压应为 1 140V
   D. 矿用电器控制回路常用电压应为 36V

17. 下列关于电气设备操作与停送电安全技术一般规定的说法，正确的是（　　）。
   A. 在检修或搬迁前，必须到总配电室或总开关办理停电手续
   B. 掘进供电必须执行"三专""两闭锁"，即专用变压器、专用开关、专用线路供电，风与电、瓦斯与电闭锁
   C. 井下必须先检查瓦斯，当其浓度在 1.5% 以下时方准放电
   D. 为保证安全，局部通风机必须由机电人员开停

18. 下列关于爆破安全警戒距离应符合的要求，下列说法正确的是（　　）。
   A. 抛掷爆破（孔深小于 45m）：爆破区正向不得小于 1 000m，其余方向不得小于 600m
   B. 深孔松动爆破（孔深大于 5m）：距爆破区边缘，软岩不得小于 200m，硬岩不得小于 100m
   C. 二次爆破：炮眼爆破不得小于 300m
   D. 浅孔爆破（孔深小于 5m）：无充填预裂爆破，不得小于 200m

19. 露天矿边坡滑坡的影响因素有自然因素和人为因素，下列属于人为因素的是（　　）。
   A. 水文地质
   B. 气候与气象
   C. 降水或排水
   D. 岩体结构

7. 火区启封是一项危险的工作，启封过程中因决策或方法上的失误，可能导致火区复燃和重封闭，甚至造成火区爆炸，产生重大伤亡事故。下列火区启封的条件中，正确的是（　　）。

   A. 火区内空气中的氧气浓度降到10%以下

   B. 火区的出水温度低于30℃，或与火灾发生前该区的日常出水温度相同

   C. 火区内温度下降到30℃以下，或与火灾发生前该区的空气日常温度相同

   D. 火区内空气中不含有乙烯、乙炔，一氧化碳浓度在封闭期间内逐渐下降，并稳定在0.002%以下

8. 下列属于老窑积水及其涌水的特征的是（　　）。

   A. 老窑水多为碱性水

   B. 破坏性较小

   C. 不含有害气体

   D. 对井下设备具有很强的腐蚀性

9. 某煤矿水文地质条件较为复杂，在实际采掘作业中，除严格执行先探后掘等规定外，该矿计划在掘进工作面采用地球物理勘探方法，用于探测煤层底板、侧帮及掘进工作面前方断层、裂隙发育带的位置，则适宜选用的勘探方法是（　　）。

   A. 矿井地震法

   B. 矿井地质雷达法

   C. 高密度电阻率法

   D. 直流电透视法

10. 探放水钻孔的布置方式和（　　）无关。

    A. 煤层厚度

    B. 产状

    C. 煤层倾角

    D. 巷道类型

11. 下列突水预兆中，属于陷落柱与断层突水征兆的是（　　）。

    A. 工作面压力增大，底板鼓起，底鼓量有时可达500mm以上

    B. 与陷落柱有关的突水，一般先突黄泥水，后突出黄泥和塌陷物

    C. 突水部位发潮、滴水且滴水现象逐渐增大，仔细观察可以发现水中含有少量细砂

    D. 沿裂隙或煤帮向外渗水，随着裂隙的增大，水量增加

12. 下列关于开采冲击地压煤层时采用合理的开拓布置和开采方式的说法，正确的是（　　）。

    A. 在应力集中区内不得布置2个工作面同时进行采掘作业

    B. 2个掘进工作面之间的距离小于500m时，必须停止其中一个工作面

    C. 2个采煤工作面之间的距离小于150m时，必须停止其中一个工作面

    D. 严重冲击地压厚煤层中的巷道应当布置在应力集中区内

《安全生产专业实务（煤矿安全）》
必刷模拟试卷（一）

（考试时间150分钟　满分100分）

一、单项选择题（共20题，每题1分。每题的备选项中，只有1个最符合题意）

1. 矿井中一氧化碳（CO）的最高允许浓度为（　　）。
   A. 0.002 4%
   B. 0.000 25%
   C. 0.000 5%
   D. 0.004%

2. 《煤矿安全规程》规定，生产矿井采掘工作面空气温度不得超过（　　），机电设备硐室的空气温度不得超过（　　）；当空气温度超过时，必须缩短超温地点工作人员的工作时间，并给予高温保健待遇。
   A. 24℃，28℃
   B. 26℃，30℃
   C. 28℃，32℃
   D. 30℃，34℃

3. 矿井通风方式根据进、出风井的布置形式不同，分为（　　）。
   A. 压入式通风、抽出式通风和混合式通风
   B. 串联式通风、并联式通风和混合式通风
   C. 集中式通风、分区式通风和混合式通风
   D. 中央式通风、对角式通风和混合式通风

4. 下列不属于降低井巷摩擦阻力的措施的是（　　）。
   A. 避免巷道内风量过于集中
   B. 保证有足够大的井巷断面
   C. 巷道拐弯时，转角越小越好
   D. 尽量选用周长较小的断面

5. 煤与瓦斯突出是指在地应力和瓦斯的共同作用下，破碎的煤和瓦斯由煤体或岩体内突然向采掘空间抛出的异常动力现象。煤与瓦斯突出的主要危害不包括（　　）。
   A. 摧毁井巷设施
   B. 造成人员窒息
   C. 引起瓦斯爆炸和火灾事故
   D. 造成矿井淹没

6. 影响矿井瓦斯涌出量的因素主要有自然因素和开采技术。下列不属于开采技术因素的是（　　）。
   A. 回采速度与产量
   B. 开采深度
   C. 开采顺序与回采方法
   D. 通风压力

前　言

全国中级注册安全工程师职业资格考试原则上每年在全国范围内举行一次。考试成绩实行4年为一个周期的滚动管理办法，参加全科考试的人员必须在连续的4个考试年度内通过全部科目。考试科目共4科，分为公共科目和专业科目。公共科目为《安全生产法律法规》《安全生产管理》《安全生产技术基础》；专业科目为《安全生产专业实务》，分为建筑施工安全、化工安全、煤矿安全、其他安全等7个科目。考试形式为客观题、主观题相结合。

为方便广大考生更加高效地复习备考，全国注册安全工程师考试命题研究中心（以下简称研究中心）的专家在总结和分析历年考试真题的基础上，根据新《中级注册安全工程师考试大纲》的要求，精心组织编写了本套辅导用书。

本套考试辅导用书内容构成如下。

历年真题　收录了近几年的全国注册安全工程师考试真题，通过做真题试题，考生可以掌握各科目所考查的高频考点、重点、难点及热点，更深刻地理解考试大纲的要求，把握命题规律，从而达到事半功倍的复习效果。

必刷模拟试卷　研究中心在深入剖析历年真题以及分析新大纲新考试形式的基础上，精心编写了多套必刷模拟试卷。试卷涵盖了近年来考试的高频考查热点，体现"重者恒重"原则，并且预测下一年考试的命题趋势，为考生指明备考方向，从而保证考生复习的针对性与高效性。

参考答案及解析　研究中心对每套试题均配有详尽的答案解析以及清晰的答题思路，使考生在复习中达到举一反三的效果，从而轻松高效地备考。

本套考试辅导用书集权威性与时效性、针对性与实用性于一体，不仅充分展现了注册安全工程师考试独有的特色，而且对考生快速提高应试能力亦有很大的帮助与促进作用。

编者水平和时间有限，书中若存在疏漏与不足之处，敬请广大考生和读者斧正。最后，衷心地祝愿广大考生能够考出好成绩，顺利过关！

全国注册安全工程师考试命题研究中心

全国中级注册安全工程师
职业资格考试辅导用书

安全生产专业实务
（煤矿安全）
历年真题·必刷模拟

全国注册安全工程师考试命题研究中心 编

免费兑换 备考课程

必刷模拟分册
必刷模拟试卷（一）～（四）

5. 安全副矿长张某的安全生产职责有：

(1) 组织或者参与拟订本单位安全生产规章制度、操作规程和生产安全事故应急救援预案。

(2) 组织或者参与本单位安全生产教育和培训，如实记录安全生产教育和培训情况。

(3) 督促落实本单位重大危险源的安全管理措施。

(4) 组织或者参与本单位应急救援演练。

(5) 检查本单位的安全生产状况，及时排查生产安全事故隐患，提出改进安全生产管理的建议。

(6) 制止和纠正违章指挥、强令冒险作业、违反操作规程的行为。

(7) 督促落实本单位安全生产整改措施。

（3）主要负责人和安全生产管理人员经考核合格。

（4）特种作业人员经有关业务主管部门考核合格，取得特种作业操作资格证书。

（5）从业人员经安全生产教育和培训合格。

（6）有重大生产安全事故隐患治理方案及相应的事故救援应急预案。

2. 运输暗斜井掘进工作面存在的危险有害因素包括：

（1）人的因素：违章指挥，违章作业，超负荷作业，干式打眼。

（2）物的因素：电火花，逆断层。

（3）环境因素：顶板破碎，淋水较大，揭穿逆断层。

（4）管理因素：对逆断层可能存在的煤与瓦斯突出问题估计不足。

3. （1）本矿存在的重大生产安全事故隐患分为管理方面和技术方面两个方面的内容。

管理方面：

①存在违章指挥、违章作业、违反劳动纪律现象，未按规定组织生产作业。

②未及时制止违章指挥、违章作业行为。

③对安全隐患的整改未落实"四不放过"原则。

④对作业人员的安全教育培训不到位。

⑤对矿井通风系统的脆弱性认识不到位。

⑥管理人员思想麻痹，对瓦斯浓度严重超限未引起重视，没有采取相应措施。

技术方面：

①对地质构造（逆断层）瓦斯异常涌出认识不足。

②隔燥、抑爆措施设施未起作用。

③通风系统不能正常运行。

（2）治理方案：

①杜绝"三违"现象，严格执行安全操作规程。

②严格落实"四不放过"原则。

③对管理人员、作业人员进行安全生产教育培训，并考核合格，持证上岗。

④对隔燥、抑爆措施设施进行整改，消除事故隐患。

⑤排查通风系统存在的问题，保证其正常运行。

4. 总工程师李某参加初次安全生产培训的内容包括：

（1）国家安全生产方针、政策和有关安全生产的法律、法规、规章及标准。

（2）安全生产管理、安全生产技术、职业卫生等知识。

（3）伤亡事故统计、报告及职业危害的调查处理方法。

（4）应急管理、应急预案编制以及应急处置的内容和要求。

（5）国内外先进的安全生产管理经验。

（6）典型事故和应急救援案例分析。

（7）其他需要培训的内容。

②矿井绝对瓦斯涌出量大于 40m³/min。

③矿井任一掘进工作面绝对瓦斯涌出量大于 3m³/min。

④矿井任一采煤工作面绝对瓦斯涌出量大于 5m³/min。

(3) 同时满足下列条件的矿井为低瓦斯矿井：

①矿井相对瓦斯涌出量不大于 10m³/t。

②矿井绝对瓦斯涌出量不大于 40m³/min。

③矿井任一掘进工作面绝对瓦斯涌出量不大于 3m³/min。

④矿井任一采煤工作面绝对瓦斯涌出量不大于 5m³/min。

2. 3301回风巷掘进工作面风量按照下列因素分别计算，取其最大值，然后按照最低风速（岩巷 0.15m/s，煤巷或半煤岩巷 0.25m/s）和最高风速（4m/s）验算：

(1) 按排除炮烟所需风量的计算。

(2) 按稀释瓦斯所需风量的计算。

(3) 按人数计算所需风量的计算。

(4) 按巷道中同时运行的最多车辆数计算。

3. 贯通前 3301 工作面切眼恢复正常通风应开展的工作：

(1) 在切眼恢复正常通风前，必须检查瓦斯。

(2) 采取有效的安全措施，控制风流、排放瓦斯。

(3) 在排放瓦斯过程中，应确保排出的瓦斯与全风压风流混合处的瓦斯和二氧化碳浓度均不得超过 1.5%。只有当切眼及巷道中瓦斯浓度不超过 1%、二氧化碳浓度不超过 1.5%时，方可人工恢复局部通风机供风巷道内的电气设备的供电和采区回风巷道的供电。

4. 该矿在 3301 回风巷掘进工作面贯通时通风安全管理存在的问题：

(1) 技术员乙虽已编制巷道贯通专项措施，但没有组织本队员工学习。

(2) 调度室收到贯通预报通知单后，没有通知通风部门检查 3301 工作面切眼的通风状况、瓦斯和二氧化碳浓度。

(3) 没有保持切眼处局部通风机正常运行。

(4) 爆破前未按规定检查掘进工作面及回风流瓦斯浓度。

(5) 安全管理措施未包含停止切眼掘进，未设置栅栏及警示标志。

(6) 未在掘进工作面入口处设专人警戒。

(7) 巷道贯通时，未设置专人在现场指挥。

(三)

(暂缺)

(四)

1. 对照《安全生产许可证条例》，该矿已具备的安全生产条件：

(1) 建立、健全安全生产责任制，制定完备的安全生产规章制度和操作规程。

(2) 设置安全生产管理机构，配备专职安全生产管理人员。

各采掘工作面及回风系统中的所有动力电源；②通知井下各采掘工作面的跟班干部、安监员和瓦检员将所有人员撤至主要进风大巷中，瓦斯检查工设置警戒，严禁人员进入无风区域；③通知机电队、通风机司机及时打开风井的防爆盖，利用自然风压通风；④保证风机房的通信畅通，并备有值班车。

19～20.（暂缺）

二、案例分析题

（一）

1. C 　【解析】根据《煤矿安全规程》，煤矿企业应当根据矿井灾害特点，结合所在区域实际情况，储备必要的应急救援装备及物资，由主要负责人审批。

2. C 　【解析】造成此次事故的间接原因：当班人员未落实有关规章制度。选项 A、B、D、E 是造成事故的直接原因。

3. AB 　【解析】根据《企业安全生产费用提取和使用管理办法》（财企〔2012〕16 号）的规定，煤炭生产企业依据开采的原煤产量按月提取。煤（岩）与瓦斯（二氧化碳）突出矿井、高瓦斯矿井吨煤 30 元。该高瓦斯矿井 2017 年产煤 3.0Mt，所以，当年应提取安全费用 $=3.0×10^6×30/10^4=9\,000$（万元）。

4. ABD 　【解析】根据《生产安全事故报告和调查处理条例》，报告事故应当包括下列内容：①事故发生单位概况；②事故发生的时间、地点以及事故现场情况；③事故的简要经过；④事故已经造成或者可能造成的伤亡人数（包括下落不明的人数）和初步估计的直接经济损失；⑤已经采取的措施；⑥其他应当报告的情况。

5. ABCD 　【解析】冒顶事故发生前后，掘进工作面存在的隐患有：①前探梁移出长度为 0.6～0.8m，不满足《35109 工作面回风巷综掘工作面作业规程》中前探梁支护移出长度为 2m 的要求。②根据《煤矿安全规程》，采煤工作面必须及时支护，严禁空顶作业。班长甲指挥乙、丙、丁进入空顶区作业违反规定。③严禁用锚杆机将网片顶向顶板，丙、丁违章操作。④根据《煤矿安全规程》，锚杆钻车作业时必须有防护操作台，支护作业时必须将临时支护顶棚升至顶板。非操作人员严禁在锚杆钻车周围停留或者作业，丁为瓦检工，不应参与支护作业。

（二）

1. 该矿瓦斯等级为高瓦斯矿井。

根据矿井相对瓦斯涌出量、矿井绝对瓦斯涌出量、工作面绝对瓦斯涌出量和瓦斯涌出形式，将矿井瓦斯等级划分为煤（岩）与瓦斯（二氧化碳）突出矿井（以下简称突出矿井）、高瓦斯矿井、低瓦斯矿井。矿井瓦斯等级判定依据如下。

（1）具备下列条件之一的矿井为突出矿井：

①在矿井井田范围内发生过煤（岩）与瓦斯（二氧化碳）突出的煤（岩）层。

②经鉴定、认定为有突出危险的煤（岩）层。

③在矿井的开拓、生产范围内有突出煤（岩）层的矿井。

（2）具备下列条件之一的矿井为高瓦斯矿井：

①矿井相对瓦斯涌出量大于 $10m^3/t$。

时水色时清时浊，底板活动使水变浑浊，底板稳定使水色变清；④底板破裂，沿裂隙有高压水喷出，并伴有"嘶嘶"声或刺耳水声；⑤底板发生"底爆"，伴有巨响，地下水大量涌出，水色呈乳白色或黄色。选项B为冲积层水的突水预兆。

13. B 【解析】《煤矿安全规程》规定，探放老空积水最小超前水平钻距不得小于30m，止水套管长度不得小于10m。钻探接近老空时，应当安排专职瓦斯检查工或者矿山救护队员在现场值班，随时检查空气成分。如果甲烷或者其他有害气体浓度超过有关规定，应当立即停止钻进，切断电源，撤出人员，报告矿调度室，及时采取措施进行处理。如果发现近距离探到积水，必须迅速加固钻孔周围及巷道顶帮，另选安全地点，在较远处打孔放水或扫孔冲淤，选项B正确。

14. B 【解析】短路是指电流不流经负载，而是两根或三根导线直接短接形成回路。漏电是指当电气设备或导线的绝缘损坏或人体触及一相带电体时，电源和大地形成回路。漏电故障可分为集中性漏电和分散性漏电。集中性漏电是指漏电发生在电网的某一处或某一点，其余部分的对地绝缘水平仍保持正常；分散性漏电是指某条电缆或整个网络对地绝缘水平均匀下降或低于允许绝缘水平。使用煤电钻打钻时，由于掘进工作面地质条件复杂，顶板岩块冒落造成煤电钻一根芯线导线裸露，属于集中性漏电。裸露的带电体必须加装护罩或者遮栏等防护设施方可继续使用。

15. A 【解析】选项A正确，深孔松动爆破（孔深大于5m），距爆破区边缘，软岩不得小于100m、硬岩不得小于200m。选项B错误，高压电缆设施距深孔松动爆破区外端的安全距离小于40m时，应当拆除或者采取保护措施。选项C、D错误，爆破区负责人和警戒人员、起爆人员之间应执行"三联系制"。第一次信号：爆破区负责人向警戒人员发出第一次信号，确认警戒人员到达警戒地点，所有与爆破无关人员撤出警戒区，设备撤至安全地带，然后警戒人员向爆破区负责人发回安全信号，爆破区负责人命令起爆人员作起爆预备。第二次信号：起爆预备完成后，爆破区负责人向警戒人员发出第二次信号，得到警戒人员发回的安全信号后，再向起爆人员发出起爆命令，进行起爆。第三次信号：起爆后5min，确认无危险时，爆破区负责人和起爆人员进入爆区进行检查，无问题后，向各警戒人员发出解除警戒信号。

16. B 【解析】选项A错误，雨水下渗浸润至岩土体内，加大土石重力密度，降低其凝聚力和内摩擦角，抗滑力减少，使边坡变形。选项B正确，在露天矿不稳定边坡治理方法中，疏干排水适用于边坡岩体内含水多，滑床岩体渗透性差的条件。选项C错误，设置警示标志不属于不稳定边坡治理技术。选项D错误，在边坡下部修筑防水阻隔墙适用于滑体较松散的浅层滑坡，要求有足够的施工场地。

17. C 【解析】救援冒落遇险人员时，在清理堵塞物过程中，使用工具要小心，防止伤害遇险人员；遇有大块矸石、木柱、金属网、铁架、铁柱等物压人时，可使用千斤顶、液压起重器、液压剪刀等工具把大块岩石支起，将遇险人员救出，切忌生拉硬扯。严禁用镐刨、锤砸等方法扒人或破岩，刨救埋压人员，选项C错误。

18. C 【解析】事故矿井调度室必须及时做到：①通知监测队监控中心通过手控措施切断

不含有乙烯、乙炔，一氧化碳浓度在封闭期间内逐渐下降，并稳定在0.001%以下；④火区的出水温度低于25℃，或与火灾发生前该区的日常出水温度相同；⑤以上4项指标持续稳定的时间在1个月以上。

9. C 【解析】细微粉尘增大了表面能，即增强了尘粒的结合力，一般尘粒间相互结合形成一个新的大尘粒的现象叫作凝聚。粉尘的凝聚与附着是在粒子间距离非常近时，由于分子间引力的作用而产生的。一般尘粒间距较大，需要有外力作用使尘粒间碰撞、接触，促进其凝聚和附着。这些外力有粒子热运动（布朗运动）、静电力、超声波、紊流脉动速度等。尘粒的凝聚有利于对粉尘的捕集分离。

10. B 【解析】防尘口罩的基本要求：①呼吸空气量。矿山劳动比较紧张而繁重，呼吸空气量一般在20～30L/min以上。②呼吸阻力。一般要求在没有粉尘、流量为30L/min条件下，吸气阻力应不大于50Pa，呼气阻力不大于30Pa，阻力过大将引起呼吸肌疲劳，选项A错误。③阻尘率。矿用防尘口罩应达到Ⅰ级标准，即对粒径小于$5\mu m$的粉尘，阻尘率应大于99%，选项B正确。④有害空间。口罩面具与人面之间的空腔，应不大于$180cm^3$，否则影响吸入新鲜空气量。⑤妨碍视野角度应小于10°，主要是下视野，选项D错误。⑥气密性。在吸气时，无漏气现象。自吸过滤式防尘口罩可分简易式防尘口罩和复式防尘口罩。简易式防尘口罩适用于氧气浓度不低于18%且无其他有害气体的作业环境，多为一次性产品。复式防尘口罩对作业环境空气的要求与简易式防尘口罩相同，复式防尘口罩更换滤料后可重复使用，选项C错误。

11. B 【解析】矿井水害特征见下表。根据题干描述，从涌水水源来看，这种水害为老空水水害。

类别	水源	水源进入矿井的途径或方式
地表水水害	大气降水、地表水体（江、河、湖泊、水库、沟渠、坑塘、池沼、泉水和泥石流）	井口、采空冒裂带、岩溶地面塌陷坑或洞、断层带及煤层顶底板或封孔不良的旧钻孔充水或导水
老空水水害	古井、小窑、废巷及采空区积水	采掘工作而接近或沟通时，老空水进入巷道或工作面
孔隙水水害	第三系、第四系松散含水层孔隙水、流砂水或泥砂等，有时为地表水补给	采空冒裂带、地面塌陷坑、断层带及煤层顶底板含水层裂隙及封孔不良的旧钻孔导水
裂隙水水害	砂岩、砾岩等裂隙含水层的水，常常受到地表水或其他含水层水的补给	采后冒裂带、断层带、采掘巷道揭露顶板或底板砂岩水，或封孔不良的旧钻孔导水

12. B 【解析】工作面底板灰岩含水层突水预兆：①工作面压力增大，底板鼓起，底鼓量有时可达500mm以上；②工作面底板产生裂隙，并逐渐增大；③沿裂隙或煤帮向外渗水，随着裂隙的增大，水量增加，当底板渗水量增大到一定程度时，煤帮渗水可能停止，此

参考答案及解析

一、单项选择题

1. C 【解析】根据《煤矿安全规程》,当采掘工作面空气温度超过26℃、机电设备硐室超过30℃时,必须缩短超温地点工作人员的工作时间,并给予高温保健待遇。

2. C 【解析】在井巷断面相同的条件下,圆形断面的周长最小,拱形次之,矩形、梯形断面周长较大,而当风量、断面面积、巷道长度相同的情况下,通风阻力 h 和风阻 R 与巷道的断面周长成正比。所以,三段巷道通风阻力和风阻不相等,选项A、B错误。根据等积孔计算公式 $A=1.19/\sqrt{R}$ 可知,等积孔 A 与风阻 R 的大小有关,所以,三段巷道等积孔不相等,选项D错误。

3. D 【解析】矿井总风量的调节措施:①改变主要通风机特性的方法。该方法主要有改变通风机转速、改变轴流式通风机工作轮叶片安装角和利用前导器调节。通风机的转速越大,矿井的总风量越大。轴流式通风机工作轮叶片的安装角度越大,获得的风量也越大,选项D不能增加矿井总风量。②改变通风机工作风阻。对通风阻力过大的矿井,应该采取减阻措施来改变矿井风阻特性曲线,从而达到增加矿井风量的目的。减阻措施主要有降低矿井巷道的摩擦阻力系数、增加矿井总回风巷的巷道断面积等。

4. B 【解析】该煤矿6月瓦斯涌出总量 $=10\,000\times30\times24\times60\times0.2\%=864\,000$ (m³)。

5. A 【解析】根据《煤矿瓦斯抽采达标暂行规定》,有下列情况之一的矿井必须进行瓦斯抽采,并实现抽采达标:①开采有煤与瓦斯突出危险煤层的;②一个采煤工作面绝对瓦斯涌出量大于 $5m^3/min$ 或者一个掘进工作面绝对瓦斯涌出量大于 $3m^3/min$ 的;③矿井绝对瓦斯涌出量大于或等于 $40m^3/min$ 的;④矿井年产量为 $1.0\sim1.5Mt$,其绝对瓦斯涌出量大于 $30m^3/min$ 的;⑤矿井年产量为 $0.6\sim1.0Mt$,其绝对瓦斯涌出量大于 $25m^3/min$ 的;⑥矿井年产量为 $0.4\sim0.6Mt$,其绝对瓦斯涌出量大于 $20m^3/min$ 的;⑦矿井年产量小于或等于 $0.4Mt$,其绝对瓦斯涌出量大于 $15m^3/min$ 的。煤矿企业主要负责人为所在单位瓦斯抽采的第一责任人,负责组织落实瓦斯抽采工作所需的人力、财力和物力,制定瓦斯抽采达标工作各项制度,明确相关部门和人员的责、权、利,确保各项措施落实到位和瓦斯抽采达标。

6. B 【解析】根据《煤矿安全规程》,采煤工作面必须采用矿井全风压通风,禁止采用局部通风机稀释瓦斯,选项B错误。

7. D 【解析】均压防灭火即设法降低采空区区域两侧风压差,从而减少向采空区漏风供氧,达到抑制和窒息煤炭自燃。

8. B 【解析】火区启封是一项危险的工作,只有经取样化验分析证实,同时具备下列条件时,方可认为火区已经熄灭,准予启封:①火区内温度下降到30℃以下,或与火灾发生前该区的空气日常温度相同;②火区内空气中的氧气浓度降到5%以下;③火区内空气中

(三)

(暂缺)

(四)

某井工煤矿采用斜井多水平开拓,一水平为生产水平,2016年瓦斯等级鉴定为高瓦斯矿井,井下运输大巷采用架线式电机车牵引矿车运输。该矿取得了采矿证、煤矿安全生产许可证等证照,设置有安全科等安全生产管理机构,制定了安全生产岗位责任制,建立了安全生产规章制度,编制了相关操作规程和矿井瓦斯防治等安全技术措施;该矿矿长、总工程师、安全副矿长等安全管理人员取得了安全资格证,井下瓦斯检查员等人员取得了相应资格证书,所有井下作业人员按要求经过培训并取得相应证书。

为了保证正常的生产接续,该矿决定于2017年1月开始施工连接一水平与二水平之间的暗斜井。其中运输暗斜井沿煤层布置,由掘进一区负责施工,采用炮掘工艺,锚网喷支护。掘进一区在施工运输暗斜井过程中,因顶板破碎、淋水较大、支护困难,工人经常干打眼作业。2017年6月10日中班,因未如期完成当班任务,掘进队长要求工人延时作业。6月11日0时20分,掘进工作面揭穿了一个落差2m的逆断层,造成煤与瓦斯突出,涌出的高浓度瓦斯逆流进入运输大巷,遇大巷架线电机车铝质取电弓与架线间产生的电火花引发爆炸。

事后调查,该矿运输暗斜井掘进工作面曾发生数次瓦斯超限现象,安全副矿长张某曾组织相关人员进行了现场安全隐患排查,编制了重大生产安全事故隐患治理方案及相应的事故救援应急预案。6月10日早班,在掘进过程中,瓦检员王某又检测到瓦斯浓度严重超限,并及时向调度室汇报,调度室值班人员向总工程师李某做了报告,但未引起李某重视,没有采取相应措施。

根据以上场景,完成下列题目:(共26分)

1. 对照《安全生产许可证条例》,列出该矿已具备的安全生产条件。
2. 按照《生产过程危险和有害因素分类与代码》(GB 13861—2009),指出运输暗斜井掘进工作面存在的危险和有害因素。
3. 列出本矿存在的重大生产安全事故隐患,并给出治理方案的内容。
4. 煤矿总工程师李某参加初次安全生产培训的内容应包括哪些?
5. 依据《中华人民共和国安全生产法》,安全副矿长张某的安全生产职责有哪些?

本试卷中部分真题暂缺,我们在努力更新。具体情况,请扫描右侧二维码,关注公众号,并在公众号中回复"安全工程师真题",以了解最新更新状态及获取真题。

（二）

某地方煤矿生产能力 0.6Mt/a，采用立井上下山开拓方式，中央并列式通风。开采 $3^{\#}$ 煤层，煤层平均厚度为 2.1m，平均倾角为 $15°$，煤层无煤与瓦斯突出危险，自燃倾向性为不易自燃，煤尘有爆炸危险性。矿井井下辅助运输采用无轨胶轮车，主运输采用胶带输送机。矿井布置一个回采工作面，采用综采开采工艺，全部垮落法管理顶板；布置 3 个掘进工作面，均采用炮掘工艺，工字钢梯形梁支护。2017 年矿井瓦斯等级鉴定时测得绝对瓦斯涌出量为 $25.6m^3/min$，相对瓦斯涌出量为 $1.9m^3/t$。

掘进一队负责 3301 回风巷的掘进，该掘进工作面绝对瓦斯涌出量为 $3.2m^3/min$。按照生产计划，该巷道将于 6 月中旬与已经施工完毕的 3301 工作面切眼贯通，截至 6 月 11 日 12 时，距离贯通点还有 22m，技术员乙向掘进一队队长甲汇报，并编制贯通预报通知单上报调度室。6 月 13 日中班，队长甲组织召开班前会，布置了正常掘进的工作任务，当日 18 时开始爆破，炮响 5min 后，跟班班长带领爆破员和掘进工贸然进入掘进头查看，被炮烟熏倒。

经调查，在爆破后 3301 回风巷掘进工作面与 3301 工作面切眼之间崩出直径约为 40cm 的小洞。3301 工作面切眼局部通风机在爆破贯通前因故障已停止运转，切眼贯通点瓦斯浓度高达 2%。技术员乙虽已编制巷道贯通专项措施，但没有组织本队员工学习；调度室收到贯通预报通知单后，没有通知通风部门检查 3301 工作面切眼的通风状况、瓦斯和二氧化碳浓度。

根据以上场景，完成下列题目：（共 22 分）
1. 判断该矿瓦斯等级，并简述矿井瓦斯等级判定的依据。
2. 简述 3301 回风巷掘进工作面风量的计算方法。
3. 列出贯通前 3301 工作面切眼恢复正常通风应开展的工作。
4. 指出该矿在 3301 回风巷掘进工作面贯通时通风安全管理存在的问题。

20 时 05 分，经抢救无效死亡。

根据以上场景，完成下列题目：（共 10 分，每题 2 分，1 至 2 题为单项选择题，3 至 5 题为多项选择题）

1. 根据《煤矿安全规程》，此次冒顶事故中使用的千斤顶、液压剪等应急救援装备的储备，负责审批的人员是（　　）。

    A. 安全副矿长 B. 机电副矿长

    C. 矿长 D. 总工程师

    E. 掘进队长

2. 造成此次事故的间接原因是（　　）。

    A. 支护工乙进入空顶区违章作业

    B. 丙用锚杆机违章将网片顶向顶板

    C. 当班人员未落实有关规章制度

    D. 瓦检工丁违章操作锚杆机

    E. 顶板破碎

3. 根据《企业安全生产费用提取和使用管理办法》（财企〔2012〕16 号），下列关于该矿当年提取安全费用的说法中，正确的有（　　）。

    A. 安全费用提取标准依据原煤产量按月提取

    B. 当年应提取安全费用 9 000 万元

    C. 安全费用提取标准以上年度矿井实际营业收入为计提依据

    D. 安全费用提取采取超额累退标准，平均逐月提取

    E. 当年应提取安全费用 4 500 万元

4. 事故发生后，矿长报告的事故内容包括（　　）。

    A. 煤矿的概况

    B. 事故发生时间、地点，事故现场情况，以及事故的简要经过

    C. 事故发生原因

    D. 造成的伤亡人数、初步估计损失和采取的措施

    E. 对班长甲的处理意见

5. 冒顶事故发生前后，掘进工作面存在的隐患有（　　）。

    A. 前探梁伸出长度为 0.6~0.8m

    B. 丙、丁用锚杆机顶网

    C. 乙、丙、丁进入空顶区作业

    D. 丁参与支护作业

    E. 甲组织人员进行施救

其余员工被困工作面。下列救护措施中，错误的是（　　）。

A. 救援人员采用呼喊、敲击的方法判断埋压人员的具体位置

B. 掘小巷绕过冒落区接近被困人员

C. 用镐刨、锤砸等方法扒人或破岩，刨救埋压人员

D. 抢救遇险人员时，安排专人检查瓦斯浓度

18. 某煤矿主通风机因故障停止运转，备用风机无法启动，矿方迅速启动应急预案，及时采取了应急措施。下列应急措施中，错误的是（　　）。

A. 通知监测队通过手控措施切断各采掘工作面及回风系统中的所有动力电源

B. 通知井下各采掘工作面所有人员撤至主要进风大巷中

C. 通知机电队、通风机司机保持风井的防爆盖关闭，防止自然风进入

D. 保证风机房的通信畅通

19～20．（暂缺）

二、案例分析题［共80分。案例（一）为客观题，包括单项选择题和多项选择题，案例（二）至（四）为主观题。单项选择题每题的备选项中只有1个最符合题意，多项选择题每题的备选项中有2个或2个以上符合题意。错选多选，本题不得分；少选，所选的每个选项得0.5分］

（一）

某高瓦斯矿井2017年产煤3.0Mt。矿井开拓方式为立井多水平上下山开拓，通风方式为中央边界式。主采3#煤层，煤层厚度2.2～3.4m，平均煤厚2.7m，煤层倾角16°。矿井布置2个回采工作面，采用综合机械化开采，一次采全高、全部垮落法管理顶板；布置5个综掘工作面，巷道均为锚杆支护。

掘进一队负责施工35109工作面回风巷，根据《35109工作面回风巷综掘工作面作业规程》，巷道永久支护采用锚杆＋金属网＋钢筋托梁的支护形式，工作面循环进度为3m，临时支护使用3根前探梁，长度不小于5m，前探梁支护移出长度为2m。支护时，将金属网、钢筋梁放置在前探梁上前移，每次移动1m，人员站在临时支护下作业。

2017年3月5日16时30分，掘进一队中班12名作业人员到达35109回风巷掘进工作面作业。当班施工区域工作面顶板破碎，使用的前探梁长度为3m。18时40分，当班人员完成3m的进尺后开始支护工作，首先前移前探梁，中间一根移出的长度为0.8m，另两根移出的长度为0.6m，然后开始用锚杆钻机施工锚杆孔。19时50分，锚杆孔打好后，班长甲指挥支护工乙、锚杆工丙、瓦检工丁3人进入空顶区进行铺网工作，乙将金属网用手举起，其他两人用锚杆机将金属网顶向顶板，工作面顶板突然垮落，将乙、丙、丁3人埋压。事故发生后，甲立即向矿调度室汇报，并马上组织其他员工使用千斤顶、液压剪等工具进行施救，经过40min的抢救，将3人扒出，发现乙、丙2人已死亡，丁受重伤。19时55分，矿调度室接到汇报后，立即电话通知矿相关领导，并安排医院救护车待命。20时40分，矿长向当地县级安全生产监督管理部门报告事故情况。21时30分，丁被送到医院抢救，15日

C. 裂隙水水害　　　　　　　　　D. 孔隙水水害

12. 2018年3月11日，某煤矿3201掘进工作面沿3#煤层底板掘进过程中发现突水征兆，勘探资料表明，该矿仅在3#煤层下方40m处发育有20m厚的奥陶系灰岩含水层。下列突水征兆中，不可能出现在3201掘进工作面的是（　　）。

    A. 工作面压力增大，底板鼓起
    B. 工作面滴水并逐渐增大，且水中含有少量细砂
    C. 工作面底板产生裂隙并逐渐增大
    D. 沿裂隙或煤帮向外渗水，随裂隙增大，水量增加

13. 某整合煤矿井田范围内分布有一定数量的小煤窑老空区，为有效防治老空区透水，该矿制定了煤巷探放水方案及应急措施。2018年8月1日，该矿综掘一队在1201回风巷掘进工作面施工钻孔时，出现涌水量增大、顶钻等现象，初步判断为钻探至老空区。下列防治老空区透水的做法中，正确的是（　　）。

    A. 立即停止作业，安装提前准备好的排水泵，并拔下钻杆进行疏放水
    B. 迅速加固钻孔周围及巷道顶帮，另选安全地点打孔放水
    C. 另外施工探放水钻孔，并安装长度不小于5m的止水套管
    D. 无须检测瓦斯浓度，直接进行探放水

14. 掘进工甲在煤巷使用煤电钻打钻时，由于掘进工作面地质条件复杂，顶板岩块冒落造成煤电钻一根芯线导线模裸露。下列关于该煤电钻漏电故障的说法，正确的是（　　）。

    A. 煤电钻漏电是线路短路造成的
    B. 煤电钻漏电是集中性漏电
    C. 裸露的芯线简单包扎后，煤电钻可以继续使用
    D. 煤电钻漏电是由于整个电缆对地绝缘水平下降造成的

15. 某露天煤矿实施硬岩深孔松动爆破作业，孔深8m。爆破前，相关部门绘制出爆破警戒范围图，确定了爆破区负责人、起爆人员及警戒人员的职责，并实地标出警戒点的位置。下列关于爆破安全警戒的说法，正确的是（　　）。

    A. 爆破安全警戒范围应大于200m
    B. 爆破警戒距离100m的高压电缆应当拆除
    C. 爆破负责人发出第一次警戒哨信号时，应确认起爆人员
    D. 起爆后，确认无危险时，爆破区负责人和警戒人员进入爆破区检查爆破效果

16. 某煤业集团露天矿因雨水下渗造成边坡不稳。下列不稳定边坡治理技术的做法中，正确的是（　　）。

    A. 边坡上部加重，加强抗滑力
    B. 疏干排水，维持岩体强度
    C. 设置警示标志，严禁人员靠近
    D. 边坡下部修筑防水阻隔墙

17. 某掘进工作面后方100m处发生冒顶事故，冒落的矸石和倾倒的支架将两名员工埋压，

程》，下列该矿治理工作面回风隅角瓦斯超限的措施中，错误的是（　　）。

A. 改变工作面的通风方式，变 U 型通风为 Y 型通风

B. 采用局部通风机稀释回风隅角瓦斯浓度

C. 采用高位巷抽放瓦斯，控制采空区瓦斯漏出

D. 安装移动泵站进行采空区瓦斯管道抽放

7. 某煤矿 3203 工作面回风巷南侧为相邻工作面采空区，两者之间留有宽度为 30m 的煤柱，经检测未发现煤柱漏风；3203 工作面进风巷北侧为实体煤。3203 工作面风量为 1 000 m³/min，因工作面推进速度较慢，致使回风隅角 CO 浓度达到 100ppm，煤矿总工程师会同通风技术人员研究后决定采取均压防灭火措施。下列均压防灭火措施中，正确的是（　　）。

A. 3203 工作面采空区采取闭区均压防灭火措施

B. 3203 工作面进风巷设置风机进行增压

C. 3203 工作面风量增加到 1 500m³/min

D. 减小 3203 工作面进、回风侧的风压差

8. 某矿井拟对因自然发火已封闭 2 年的采煤工作面进行启封，启封前对封闭火区进行了指标检测，检测的数据如下：①火区内空气的温度为 28.5℃；②火区内乙烯的浓度为 0.000 5%；③火区的出水温度为 24℃；④火区内空气中的氧气浓度为 4.5%。上述检测数据中，未达到启封条件的是（　　）。

A. ①　　　　　　B. ②　　　　　　C. ③　　　　　　D. ④

9. 粉尘凝聚是尘粒间距离非常近时，由于粉尘分子间引力的作用，形成一个新的大尘粒的现象。下列关于粉尘凝聚的说法，正确的是（　　）。

A. 粉尘的表面能增大，减小粉尘凝聚的结合力

B. 粉尘粒子热运动越剧烈，越不利于粉尘凝聚

C. 粉尘粒子的凝聚有利于对粉尘的捕集和分离

D. 外界静电力增加，不利于间距较大的粉尘粒子凝聚

10. 为保证井下员工职业健康，某煤矿在防尘口罩的选用过程中考虑了口罩的型式、流量、吸气阻力等特性与参数。根据《煤矿职业安全卫生个体防护用品配备标准》（AQ 1051），下列关于防尘口罩选用的说法，正确的是（　　）。

A. 口罩流量不低于 30L/min 的条件下，吸气阻力应不大于 100Pa

B. 对于粒径小于 5μm 的粉尘，阻尘率应大于 99%

C. 必须选用复式防尘口罩

D. 口罩妨碍视野角度应小于 15℃

11. 某煤矿有两个可采煤层，两层煤的平均厚度均为 4m，层间距为 20m，两层煤之间无含水层和隔水层，上层煤已经采空，现开采下层煤。已知上层煤开采后产生的裂隙已经发育到地表，大气降水通过裂隙进入上层采空区形成积水。如果在下层煤开采过程中有大量水涌入开采区域，从通水水源来看，这种水害是（　　）。

A. 地表水水害　　　　　　　　　　B. 老空水水害

一、单项选择题（共20题，每题1分。每题的备选项中，只有1个最符合题意）

1. 某煤业集团为了避免高温、高湿气候环境损害职工的身体健康，提高工人的劳动效率，对其下属的甲、乙、丙、丁4个矿井进行了矿井气候条件测定，其结果见表1。根据《煤矿安全规程》，必须缩短工人的工作时间并给予高温保护待遇的矿井是（　　）。

表1　矿井气候条件

矿井名称	甲	乙	丙	丁
采煤工作面空气温度/℃	27	25	26	28
机电硐室空气温度/℃	29	30	28	27

A. 甲、乙　　　　B. 乙、丙　　　　C. 甲、丁　　　　D. 乙、丁

2. 某矿井一采区的无分支独立进风巷 L 被均匀的分为 a、b、c 三段，断面形状分别为半圆拱形、矩形和梯形，三段巷道的断面积相等。下列关于通风阻力、风阻、风量及等积孔的说法，正确的是（　　）。

A. 用 h 表示通风阻力，则 $h_a = h_b = h_c$

B. 用 R 表示风阻，则 $R_a = R_b = R_c$

C. 用 Q 表示风量，则 $Q_a = Q_b = Q_c$

D. 用 A 表示等积孔，则 $A_a = A_b = A_c$

3. 某生产矿井开采区域不断扩大，为满足安全生产要求，该矿拟采取以下措施增加矿井总风量：①增加主要通风机的转速；②扩大矿井总回风巷的巷道断面；③降低矿井巷道的摩擦阻力系数；④减小轴流式主要通风机叶片安装角。上述拟采取的措施中，不能增加矿井总风量的是（　　）。

A. ①　　　　B. ②　　　　C. ③　　　　D. ④

4. 2019年6月，某煤矿进行矿井瓦斯等级鉴定，测得矿井总回风量为10 000m³/min，总回风流中的平均瓦斯浓度为0.2%。当月平均日产煤量为4 000t，该煤矿6月瓦斯涌出总量是（　　）。

A. 28 800m³　　　　　　　　B. 864 000m³

C. 2 400 000m³　　　　　　　D. 80 000m³

5. 某煤业集团现有甲、乙两个煤矿，甲煤矿年产量为1.2Mt，矿井瓦斯绝对涌出量为35m³/min，乙煤矿年产量为0.5Mt，矿井瓦斯绝对涌出量为15m³/min。下列关于瓦斯抽采管理的说法，正确的是（　　）。

A. 甲煤矿需要进行瓦斯抽采，甲煤矿的主要负责人为瓦斯抽采的第一责任人

B. 乙煤矿需要进行瓦斯抽采，乙煤矿的主要负责人为瓦斯抽采的第一责任人

C. 甲煤矿需要进行瓦斯抽采，甲煤矿的总工程师为瓦斯抽采的第一责任人

D. 乙煤矿需要进行瓦斯抽采，乙煤矿的总工程师为瓦斯抽采的第一责任人

6. 某高瓦斯矿井的5203回采工作面采用U型通风方式通风，在生产过程中，发现该工作面回风隅角瓦斯浓度达到2%，为保证安全，拟采取相应措施进行治理。根据《煤矿安全规

考生注意事项

1. 答题前,考生须在试题册指定位置上填写工作单位、考生姓名和准考证号;在答题卡指定位置上填写考生姓名和准考证号,并涂写准考证号信息点。
2. 选择题的答案必须涂写在答题卡相应题号的选项上,非选择题的答案必须书写在答题卡指定位置的边框区域内。超出答题区域书写的答案无效;在草稿纸、试题册上答题无效。
3. 填(书)写部分必须使用黑色字迹签字笔或者钢笔书写,字迹工整、笔迹清楚;涂写部分必须使用2B铅笔填涂。
4. 考试结束,将答题卡和试题册按规定交回。

准考证号：

2019年全国中级注册安全工程师职业资格考试

安全生产专业实务（煤矿安全）

考生姓名：

工作单位：

免费兑换 备考课程

以下。

（5）有冲击地压危险的采掘工作面必须设置压风自救系统，明确发生冲击地压时的避灾路线。

（6）严格执行人员准入制度，做好个体防护。

（7）制定应急救援预案。

4. 矿长的安全管理职责有：
   (1) 建立健全并落实本单位全员安全生产责任制，加强安全生产标准化建设。
   (2) 组织制定并实施本单位安全生产规章制度和操作规程。
   (3) 组织制定并实施本单位安全生产教育和培训计划。
   (4) 保证本单位安全生产投入的有效实施。
   (5) 组织建立并落实安全风险分级管控和隐患排查治理双重预防工作机制，督促、检查本单位的安全生产工作，及时消除生产安全事故隐患。
   (6) 组织制定并实施本单位的生产安全事故应急救援预案。
   (7) 及时、如实报告生产安全事故。

(四)

1. (1) 煤矿主要负责人是冲击地压防治的第一责任人。
   (2) 煤矿总工程师是冲击地压防治的技术负责人。
   (3) 煤矿其他负责人对分管范围内冲击地压防治工作负责。

2. 此次冲击地压事故发生的客观影响因素有：
   (1) 2211采煤工作面为孤岛工作面。
   (2) 煤层上方有较厚的坚硬岩层。
   (3) 采煤工作面两侧采空区之间设计留有较大煤柱。
   (4) 局部发育断层。

3. 冲击地压矿井的冲击危险性监测方法：
   (1) 综合指数法。
   (2) 钻法屑。
   (3) 微震法。
   (4) 声发射（地音）法。
   (5) 电磁辐射法。

4. (1) 区域防冲措施包括：①采用合理的开拓方式；②优化采掘部署；③采用合理的开采顺序；④合理留设煤柱；⑤减小地质构造的影响。
   (2) 局部防冲措施包括：①煤层钻孔卸压；②煤层爆破卸压；③煤层注水；④顶板爆破预裂（水力致裂）；⑤底板钻孔或爆破卸压等。

5. 2211工作面冲击地压安全防护措施的内容有：
   (1) 冲击地压危险区域的巷道必须加强支护，采煤工作面必须加大上下出口和巷道的超前支护范围和强度。
   (2) 严重冲击地压危险区域，必须采取防底鼓措施。
   (3) 有冲击地压危险的采掘工作面，供电、供液等设备应当放置在采动应力集中影响区外。
   (4) 对危险区域内的设备、管线、物品等应当采取固定措施，管路应当吊挂在巷道腰线

(2) 3211回采工作面风量 $Q_{3211}=1\,200/60=20$（m^3/s），3211回采工作面风阻 $R_{3211}=h_{3211}/Q_{3211}^2=144/20^2=0.36$（$N·s^2/m^8$）。

(3) 3211回采工作面等积孔 $A_{3211}=1.19/\sqrt{R_{3211}}=1.19/\sqrt{0.36}\approx1.98$（$m^2$）。

3. 降低该煤矿局部通风阻力的技术措施有：

(1) 当连接不同断面的巷道时，要把连接的边缘做成斜线或圆弧形。

(2) 巷道拐弯时，转角δ越小越好，在拐弯的内侧或内外两侧做成斜线形或圆弧形，要尽量避免出现直角拐弯。

(3) 减少产生局部阻力地点的风速及巷道的粗糙度。

(4) 在风筒或通风机的进口安装集风器，在出风口安装扩散器。

(5) 及时清理巷道中的堆积物，并在可能条件下尽量不使成串的矿车长时间地停留在主要通风巷道内，以免阻挡风流，使通风情况恶化。

4. 煤矿发生火灾时通常可采取的风流控制措施有：

(1) 正常通风。

(2) 减少风量。

(3) 增加风量。

(4) 火烟短路。

(5) 反风。

(6) 停止主要通风机运转。

（三）

1. 皮带走廊可能发生的事故类型有机械伤害、触电、火灾、高处坠落、其他爆炸。

2. 根据《工伤保险条例》，员工甲不能被认定为工伤。

应视同工伤的情形有：

(1) 在工作时间和工作岗位，突发疾病死亡或者在48h之内经抢救无效死亡的。

(2) 在抢险救灾等维护国家利益、公共利益活动中受到伤害的。

(3) 职工原在军队服役，因战、因公负伤致残，已取得革命伤残军人证，到用人单位旧伤复发的。

职工有（1）项、（2）项情形的，按照有关规定享受工伤保险待遇；职工有（3）项情形的，按照有关规定享受除一次性伤残补助金以外的工伤保险待遇。

3. 矿井煤尘爆炸应急预案编制的程序有：

(1) 成立煤尘爆炸应急预案编制工作小组。

(2) 资料收集。

(3) 井下煤尘风险评估。

(4) 矿井总体应急能力评估。

(5) 编制应急预案。

(6) 应急预案评审。

取用较大的数值，最终确定防隔水煤柱 L 至少应为 30m。

17. C 【解析】推垮型冒顶是由平行于层面方向的顶板力推倒支架导致的冒顶。

18. D 【解析】接地保护是将正常情况下不带电，而在绝缘材料损坏后或其他情况下可能带电的电器金属部分（即与带电部分相绝缘的金属结构部分）用导线与接地体可靠连接起来的一种保护接线方式。

19. C 【解析】选项 A 错误，必须在刮板输送机机头、机尾人行道一侧 2m 内各安装 1 套组合信号装置。选项 B 错误，刮板输送机司机必须在机头两侧 1.5m 外操作刮板输送机，严禁在刮板输送机机头正前方开动刮板输送机。选项 C 正确，刮板输送机与转载搭接时要保证搭接高度在 0.3m 以上，前后交错距离不小于 0.5m。选项 D 错误，运转中发现断链、刮板严重变形，机头掉链、溜槽拉坏，以及出现异常声音和温度过高等情况，都应立即停机检查处理，防止事故扩大。

20. A 【解析】选项 B、D 错误，串联通风应在通风阻力较大的管网中工作。选项 C 错误，当在某一管网中采用两台或多台通风机串联工作时，必须将通风机的压力曲线与管网阻力曲线绘制在同一坐标上，并通过分析与比较后，再决定是否采用串联工作。

二、案例分析题

（一）

1. E 【解析】根据《煤矿安全规程》，采用串联通风时，被串联通风的采煤工作面进风巷必须设置甲烷传感器。甲烷传感器的最高允许浓度为 0.5%。

2. B 【解析】间接经济损失包括：①停产、减产损失价值；②工作损失价值；③资源损失价值；④处理环境污染的费用；⑤补充新职工的培训费用；⑥其他损失费用。该事故间接经济损失＝11 000＋90＝11 090（万元）。

3. BD 【解析】造成 1201 进风巷瓦斯爆炸事故的直接原因有：①瓦斯异常涌出，浓度达到爆炸界限；②带电维修，产生电火花。

4. BCE 【解析】冲击地压的防范措施有：①采用合理的开拓布置和开采方式；②开采保护层；③煤层预注水；④厚层坚硬顶板预处理；⑤冲击地压安全防护措施。冲击地压的解危措施有：①爆破卸压；②钻孔卸压；③定向水力裂缝法；④诱发爆破。

5. ACDE 【解析】由于 1202 回风巷掘进工作面难以构成独立的通风系统，该矿制定了相应的安全技术措施，其回风串联进入 1201 回采工作面的运输巷，并安设了串联通风甲烷传感器。因此，选项 B 符合规定，不属于违规、违章情形。

（二）

1. （1）自然风压 $H_N=Zg(\rho_{m1}-\rho_{m2})=(50+350)\times9.8\times(1.25-1.20)=196$（Pa）。

   （2）石门测风站风量 $Q_石=ksv=1.2\times10\times5=60$（m³/s）。

   （3）矿井总风量 $Q=7\,200/60=120$（m³/s），则矿井总风阻 $R=h/Q^2=2\,880/120^2=0.2$（N·s²/m⁸）。

2. （1）3211 回采工作面通风阻力 $h_{3211}=44+60+40=144$（Pa）。

10. B 【解析】制浆用的材料应满足以下要求：①加入少量水即可成浆；②浆液渗透力强，收缩率小，来源广泛，成本低；③不含可燃、助燃成分；④泥浆要易于脱水，且具有一定的稳定性，一般要求含砂量为25%～30%；⑤泥土粒度不大于2mm，细小粉粒（粒度小于1mm）应占75%以上；⑥主要物理性能指标：密度为2.4～2.8t/m³，塑性指数为9～14，胶体混合物为25%～30%，含砂量为25%～30%。

11. D 【解析】根据《煤矿安全规程》，井巷中的风流速度应符合下表的要求，选项D正确。

井巷名称	允许风速/ (m·s⁻¹)	
	最低	最高
无提升设备的风井和风硐	—	15
专为升降物料的井筒	—	12
风桥	—	10
升降人员和物料的井筒	—	8
主要进、回风巷	—	8
架线电机车巷道	1.0	8
运输机巷，采区进、回风巷	0.25	6
采煤工作面、掘进中的煤巷和半煤岩巷	0.25	4
掘进中的岩巷	0.15	4
其他通风人行巷道	0.15	—

12. D 【解析】开采有煤尘爆炸危险煤层的矿井，必须有预防和隔绝煤尘爆炸的措施。矿井的两翼、相邻的采区、相邻的煤层、相邻的采煤工作面间，掘进煤巷同与其相连的巷道间，煤仓同与其相连的巷道间，采用独立通风并有煤尘爆炸危险的其他地点同与其相连的巷道间，必须用水棚或者岩粉棚隔开。

13. B 【解析】超前距 $a=0.5AL\sqrt{\dfrac{3p}{k_p}}=0.5\times 4\times 3\sqrt{\dfrac{3\times 300\times 1\,000\times 10}{0.16\times 10^6}}=45$ （m）。

14. D 【解析】探放含水层基本有3种情况：①探放影响采掘工作面顶板的强含水层水；②探放影响采掘工作面底板的强含水层水；③巷道（如石门）穿越强含水层（富水区）前的探放水，选项D正确。

15. A 【解析】与陷落柱有关的突水征兆：①一般先突出黄泥水，后突出黄泥和塌陷物；②来势猛、突水量大，突出物总量很大且岩性复杂；③塌陷物突出过程一般先突煤系中的煤、岩碎屑，后突奥灰碎块。

16. B 【解析】考虑断层水在顺煤层方向的压力时，防隔水煤柱 L 为25m。当考虑底部压力时，应当使煤层底板到断层面之间的最小距离大于安全防隔水煤（岩）柱的高度 H_a 的计算值，但不得小于20m。计算公式 $L=H_a/\sin\alpha=15/\sin 30°=30$ （m）。根据以上结果，

参考答案及解析

一、单项选择题

1. A 【解析】根据通风阻力定律，若已测得巷道的摩擦阻力、风量和该段巷道的几何参数，参阅有关公式，即可求得巷道的摩擦阻力系数。现场测定时应注意以下几点：①必须选择支护形式一致、巷道断面不变和方向不变（不存在局部阻力）的巷道。②在局部阻力物前布置测点，距离不得小于巷宽的 3 倍；在局部阻力物后布置测点，距离不得小于巷宽的 8~12 倍。测段距离和风量均较大时，压差应不低于 20Pa。③用风表测断面平均风速时，应同步进行测压，防止各种原因（风门开闭、车辆通过等）对测段风量变化产生影响。

2. C 【解析】自然风压的影响因素有：①矿井某一回路中两侧空气柱的温差是影响自然风压的主要因素；②空气成分和湿度影响空气密度，因而对自然风压也有一定影响，但影响较小；③井深对自然风压有一定影响；④主要通风机工作对自然风压的大小和方向也有一定影响。

3. C 【解析】串联网络的总风阻等于各分支风阻之和，选项 C 错误。

4. C 【解析】全矿井反风一般适用于当矿井进风井口、井筒、井底车场、中央石门等地点，或者距矿井入风井口较近的地区出现火灾时。该矿井由于为低瓦斯矿井，且火势较大，不适于采用灭火器、停止通风、减少进风等措施灭火。

5. C 【解析】根据《煤矿安全规程》，有下列情形之一的煤层，应当立即进行煤层突出危险性鉴定，否则直接认定为突出煤层；鉴定未完成前，应当按照突出煤层管理：①有瓦斯动力现象的；②瓦斯压力达到或者超过 0.74MPa 的；③相邻矿井开采的同一煤层发生突出事故或者被鉴定、认定为突出煤层的。

6. B 【解析】选项 A 错误，矿井地面大气压越大，瓦斯涌出量越小。选项 C 错误，压入式通风的矿井风压越高，瓦斯涌出量越小。选项 D 错误，矿井瓦斯涌出量与工作面回采速度成正比，回采速度越快，瓦斯涌出量越大。

7. C 【解析】防治煤与瓦斯突出的技术措施分为区域性措施和局部性措施两大类。目前区域性措施主要有开采保护层和预抽煤层瓦斯。局部措施有卸压排放钻孔、深孔或浅孔松动爆破、煤体固化、水力冲孔等。选项 D 属于区域性措施。

8. D 【解析】煤炭自燃倾向性是煤的一种自然属性，它取决于煤在常温下的氧化能力，是煤层发生自燃的基本条件。

9. C 【解析】防止煤炭自燃火灾对于开拓开采的要求是：提高采出率，减少煤柱和采空区遗煤，破坏煤炭自燃的物质基础；加快回采速度，回采后及时封闭采空区，缩短煤炭与空气接触的时间，减少漏风，消除自燃的供氧条件，破坏煤炭自燃过程。

(四)

　　某开采单一煤层的冲击地压矿井，各类证照齐全。该矿明确了各级负责人的冲击地压防治职责，编制了冲击地压事故应急预案，且每年组织一次应急预案演练，制定了冲击地压防治安全技术管理制度、岗位安全责任制度、培训制度、事故报告制度等。

　　该矿2211采煤工作面为孤岛工作面，开采深度448~460m，倾斜长度180m，走向长度1 000m，与两侧采空区之间设计留有30m宽的煤柱，煤层伪顶为0.2~3.0m的炭质页岩，直接顶为5.2~14.9m的灰色粉砂岩，基本顶为19.3~70.4m的中粗砂岩，局部发育有断层。该工作面回风巷在掘进至657m接近前方断层时，发生一起冲击地压事故，导致该工作面回风巷590~630m处底鼓、冒顶严重。当班出勤的15名员工中，6人被困掘进工作面附近，其余9人撤离至安全地点。事故发生后，煤矿立即启动应急预案，组织救护队下井救援。经过24h全力抢救，被困人员全部脱险，除放炮员左腿胫骨骨折外，其他人员均未受伤。

　　为吸取本次事故教训，该矿以《防治煤矿冲击地压细则》为依据，重新编制了防冲设计，加强了冲击危险性预测、监测工作，制定了有针对性的区域与局部防冲措施，完善了防冲管理制度和安全防护措施。

根据以上场景，完成下列题目：（共26分）

1. 根据《防治煤矿冲击地压细则》，指出煤矿主要负责人、总工程师和其他负责人在防治煤矿冲击地压工作中的职责分工。
2. 列出此次冲击地压事故发生的客观影响因素。
3. 列出冲击地压矿井的冲击危险性监测方法。
4. 分别列出适合于该矿的区域和局部防冲措施。
5. 列出2211工作面冲击地压安全防护措施的内容。

（三）

某井工煤矿采用平硐—斜井开拓方式，机械抽出式通风，其中主、副井为平硐，回风井为斜井；矿井有一个可采煤层；经鉴定，该矿井为低瓦斯矿井，煤尘具有爆炸危险性，开采煤层自燃倾向性类别为容易自燃。

矿井开采原煤由主平硐运至地面后经皮带走廊送入选煤厂，洗选后的精煤送入5 000t储煤仓。井下的矸石由矿车从平硐运出后，用矸石山绞车提升运至翻矸架排放。

矿井布置一个采煤工作面和两个掘进工作面。采煤工作面采用综采工艺，全部垮落法管理顶板，通风方式为"U"型通风；掘进工作面采用综掘工艺，锚杆支护，局部通风机通风；采掘工作面均安装有防尘管路、洒水降尘装置和隔爆水棚。

该煤矿配备了经安全培训合格的矿长、总工程师、安全副矿长、生产副矿长、机电副矿长、通防副总工程师等管理人员，设置有安全科等安全管理机构，建有完善的安全生产责任制、安全管理制度和安全操作规程，编制有完整的事故应急预案。近年来，由于安全管理到位，生产状况良好，井下未发生伤亡事故；但2017年10月8日发生一起交通事故，该矿员工甲在骑车上班途中闯红灯与正常行驶的车辆相撞，造成重伤骨折。

根据以上场景，完成下列题目：（共22分）

1. 根据《企业职工伤亡事故分类》（GB 6441—86），列出皮带走廊可能发生的事故类型。
2. 根据《工伤保险条例》，判断员工甲是否应被认定为工伤，并列出应视同工伤的情形。
3. 列出矿井煤尘爆炸应急预案编制的程序。
4. 列出矿长的安全管理职责。

(二)

某煤矿瓦斯涌出量较大，自燃发火严重，矿井通风总阻力 h 为 2 880Pa、矿井总风量 Q 为 7 200m³/min。进回风井口标高均为 +50m，开采水平标高为 -350m。2017年3月该矿进行改扩建，通风系统发生重大变化。为保证矿井安全生产，提高矿井的抗灾能力，该矿决定进行全面的通风系统优化改造。通风科编制了通风阻力测定方案，制定了相关安全措施，组织相关部门进行全矿井通风阻力测定。鉴于矿井通风系统线路长、坡度大、直角拐弯多、巷道内局部堆积物较多、有矿车滞留现象、盘区内设置有较多调节风窗，决定采用气压计法测定矿井通风阻力，迎面法进行测风。测量仪器有干湿球温度计、精密气压计、机械式叶轮风表（高、中、低速）和巷道尺寸测量工具等。其中，风表启动初速度设定为0，校正系数为1.2。

经测定，矿井进风井空气密度为 1.25kg/m³，回风井空气密度为 1.20kg/m³；石门测风站巷道净断面为 10m²，风表的表风速为 5m/s；二盘区下部的3211回采工作面的风量为 1 200m³/min，分三段测定了该回采工作面的通风阻力，其中，进风巷通风阻力为44Pa，作业面通风阻力为60Pa，回风巷通风阻力为40Pa。

根据通风阻力测定结果，通风科等部门掌握了矿井风量和通风阻力分布情况，对矿井通风系统进行了分析评价，并针对部分高阻力巷道采取了降阻化措施。

根据以上场景，完成下列题目：（共22分）

1. 计算该煤矿自然风压、石门测风站风量及矿井总风阻。
2. 计算3211回采工作面（包括进风巷、作业面、回风巷）的通风阻力、风阻和等积孔。（小数点后保留两位）
3. 列出降低该煤矿局部通风阻力的技术措施。
4. 列出煤矿发生火灾时通常可采取的风流控制措施。

根据以上场景，完成下列题目：（共10分，每题2分，1至2题为单项选择题，3至5题为多项选择题）

1. 根据《煤矿安全规程》，关于串联通风甲烷传感器的设置位置和风流中甲烷最高允许浓度的要求，正确的是（　　）。

   A. 1202回风巷掘进工作面回风流巷道中，最高允许浓度0.8%

   B. 1202回风巷掘进工作面回风流巷道中，最高允许浓度0.5%

   C. 1202回风巷掘进工作面回风流巷道中，最高允许浓度0.3%

   D. 被串联通风的1201回采工作面进风巷，最高允许浓度0.8%

   E. 被串联通风的1201回采工作面进风巷，最高允许浓度0.5%

2. 根据《企业职工伤亡事故经济损失统计标准》(GB 6721—86)，该事故统计出的间接经济损失是（　　）万元。

   A. 11 170　　　　　　　　B. 11 090

   C. 11 000　　　　　　　　D. 2 440

   E. 170

3. 造成1201进风巷瓦斯爆炸事故的直接原因有（　　）。

   A. 巷道发生冲击地压

   B. 瓦斯异常涌出，浓度达到爆炸界限

   C. 电工甲未取得井下电钳工资格证书

   D. 带电维修，产生电火花

   E. 甲烷传感器失效

4. 防治1202回风巷冲击地压灾害，可采取的技术措施有（　　）。

   A. 作业人员需穿戴防冲服

   B. 煤层注水

   C. 在顶板坚硬岩层中进行定向水力致裂

   D. 在煤体中施工钻孔进行瓦斯预抽

   E. 在煤岩体中进行爆破，转移支承压力峰值区

5. 该煤矿存在的下列情形中，属于违规、违章的有（　　）。

   A. 电工甲未取得井下电钳工资格证书

   B. 1202回风巷掘进工作面与1201回采工作面之间串联通风

   C. 甲烷传感器未按时调校

   D. 预警后未采取防冲击地压措施

   E. 带电检修照明信号综合保护装置

19. 某回采工作面运输巷内安装了一部刮板输送机，其机头与皮带输送机相搭接。下列关于刮板输送机安装与使用的说法，正确的是（　　）。

 A. 只需要在机尾人行道一侧 2m 范围内安装一套信号装置

 B. 为便于观察和控制煤流，应当在机头前方 1.5m 范围以外操作刮板输送机

 C. 刮板输送机与皮带机前后交错搭接距离不应小于 0.5m

 D. 刮板输送机运煤时出现异响，停机检修排除故障后可立即启动

20. 一台风机的吸风口连接到另一台风机的出风口上同时运转，这种工作方式称为风机串联。下列关于风机串联运行的说法，正确的是（　　）。

 A. 风压特性曲线相同的风机串联工作效果好

 B. 风机串联不适用于因风阻大而风量不足的巷道

 C. 串联合成特性曲线与工作风阻曲线相匹配，增风效果差

 D. 风机串联只选用岩石巷道局部通风

二、**案例分析题** [共 80 分。案例（一）为客观题，包括单项选择题和多项选择题，案例（二）至（四）为主观题。单项选择题每题的备选项中只有 1 个最符合题意，多项选择题每题的备选项中有 2 个或 2 个以上符合题意。错选多选，本题不得分；少选，所选的每个选项得 0.5 分]

（一）

某煤矿核定生产能力为 1.5Mt/a，二采区布置有 1201 回采工作面、1202 回风巷掘进工作面和 1202 运输巷掘进工作面。1202 回风巷与 1201 回采工作面的运输巷（进风巷）相邻。由于 1202 回风巷掘进工作面难以构成独立的通风系统，该矿制定了相应的安全技术措施，其回风串联进入 1201 回采工作面的运输巷，并安设了串联通风甲烷传感器。

2015 年 6 月 5 日 14 时 05 分，1202 回风巷掘进工作面发生冲击地压事故，瓦斯大量涌出，巷道瞬时瓦斯浓度达到 10% 以上。此时，1201 回采工作面运输巷乳化液泵站附近，电工甲正在带电检修照明信号综合保护装置。14 时 10 分，高浓度瓦斯扩散到乳化液泵站附近，遇照明信号综合保护装置维修过程中产生的电火花，引起瓦斯爆炸事故，造成 9 人死亡、9 人重伤，其中 1 名重伤人员在送至医院后，于 6 月 16 日 15 时经抢救无效死亡。

经调查，负责冲击地压防治工作的防冲办，前期通过冲击地压监测数据分析，已于 6 月 4 日 20 时发出预警，要求采掘区队做好相关预防与处理工作，但采掘区队并没有采取相应的安全措施；瓦斯异常涌出后，甲烷传感器没有报警，该传感器已经 45 天未进行调校；电工甲未取得井下电钳工资格证书。

经统计，事故造成的经济损失有：医疗费用 330 万元、抚恤费用 1 500 万元、补助费用 410 万元、歇工工资 80 万元、事故罚款 150 万元、补充新职工培训费用 90 万元；井下设备损坏、巷道破坏等损失共计 2 700 万元；停产损失 11 000 万元。

14. 某煤矿井田范围内地表有一条河流经过，该矿开采3#煤层，煤层厚度4m，埋藏深度约350m，煤层顶板以上150m发育有富水性较强的砂岩含水层，砂岩下部发育有一层厚度为5m的泥岩，煤层底板以下150m发育有富水性强的奥陶系灰岩。下列施工情形中，需要对含水层进行探放水的是（　　）。

A. 煤巷施工穿越地表有河流的区域

B. 在3#煤层布置综采工作面开采

C. 施工距离煤层顶板15m的瓦斯抽放巷

D. 掘进新工作面巷道遇到物探异常区

15. 某煤矿采煤工作面发生突水事故前，先突出黄泥水，后又突出大量黄泥和岩性复杂的碎石，最大突水量达576m³/h。根据事故突水征兆，本次突水事故是（　　）。

A. 陷落性突水

B. 断层突水

C. 冲积层突水

D. 灰岩含水层突水

16. 某煤层巷道通过超前物探，在前方待掘区域，发现一倾角 $\alpha=30°$ 的导水断层，断层下盘发育一富水性较强的灰岩含水层，留设断层防水煤柱示意图如图1所示。考虑断层水在顺煤层方向的压力时，防隔水煤柱 L 为25m。该断层安全防隔水岩柱宽度为15m。根据以上条件，最终确定防隔水煤柱 L 至少应为（　　）。

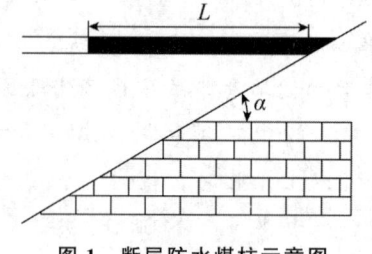

图1 断层防水煤柱示意图

A. 40m　　　B. 30m　　　C. 25m　　　D. 15m

17. 矿压是煤岩体开采破坏其原始应力后引起的一系列力学现象。常见的矿压灾害有采掘工作面的冒顶、片帮、顶板大范围垮落等。根据力源因素分析，推垮型冒顶是（　　）。

A. 煤岩体弹性能在水平方向突然释放导致的冒顶

B. 垂直层面方向的顶板压力作用导致的冒顶

C. 平行于层面方向的顶板作用力导致的冒顶

D. 支护不足而在重力作用下导致的冒顶

18. 某煤矿回采工作面进行机电安装时，电工甲用导线将一台馈电开关的外壳与埋在地下的金属极进行连接。这种接线方式属于供电保护的（　　）。

A. 短路保护　　　　　　　　B. 漏电保护

C. 过载保护　　　　　　　　D. 接地保护

D. 回采速度越快，瓦斯涌出量越小

7. 防治煤与瓦斯突出的技术措施分为区域性措施和局部性措施两大类。下列防治煤与瓦斯突出的技术措施中，属于局部性措施的是（　　）。
   A. 开采保护层　　　　　　　　B. 大面积瓦斯预抽放
   C. 卸压排放钻孔　　　　　　　D. 控制预裂爆破

8. 煤的自燃倾向性是煤的一种自然属性，受到各种条件的影响。决定常温下煤的自燃倾向性的内在条件是（　　）。
   A. 吸热能力　　　　　　　　　B. 放热能力
   C. 生化能力　　　　　　　　　D. 氧化能力

9. 煤层开拓、开采技术直接影响着煤自然发火。下列煤矿开采技术措施中，不利于防治煤自燃发火的是（　　）。
   A. 提高采出率
   B. 减少煤柱和采空区遗煤
   C. 降低回采速度
   D. 及时封闭采空区

10. 矿井注浆防灭火技术包括制浆材料的选择、泥浆的制备和泥浆的输送等内容。下列制浆材料物理特性中，符合注浆材料选择要求的是（　　）。
    A. 浆液渗透力弱　　　　　　　B. 浆液收缩率小
    C. 泥浆不易脱水　　　　　　　D. 含砂量不大于10%

11. 《煤矿安全规程》对煤矿各类井巷的风流速度作了限定。下列工作地点中，允许最低风速为0.15m/s的是（　　）。
    A. 采煤工作面　　　　　　　　B. 煤巷掘进工作面
    C. 半煤岩巷掘进工作面　　　　D. 岩巷掘进工作面

12. 开采有煤尘爆炸危险煤层的矿井，在一些区域和地点必须有预防和隔绝煤尘爆炸的措施。根据《煤矿安全规程》，下列区域中，不必设置隔爆设施的是（　　）。
    A. 矿井的两翼之间
    B. 相邻的煤层之间
    C. 煤仓同与其相连的巷道间
    D. 相邻的硐室之间

13. 某煤矿施工探放水钻孔的巷道高为3m，宽为2.5m，标高为-600m，经测定，水头标高为-300m，煤的抗拉强度k_p为0.16MPa，若安全系数A取4，根据公式$a = 0.5AL\sqrt{3p/k_p}$[式中，a——超前距或帮距（m）；L——巷道的跨度（m）；p——水头压力（MPa）]，该巷道探放水钻孔的超前距为（　　）。（重力加速度g按10m/s²取值）
    A. 37.5m　　　　　　　　　　　B. 45.0m
    C. 53.0m　　　　　　　　　　　D. 63.6m

一、单项选择题（共20题，每题1分。每题的备选项中，只有1个最符合题意）

1. 根据通风阻力定律，计算巷道的摩擦阻力系数需测定巷道的摩擦阻力、风量和几何参数。下列关于通风阻力测定要求的说法，正确的是（　　）。
   A. 测点选择在断面不变、支护形式一致的巷道
   B. 测段的长度尽可能短
   C. 用风表测定断面平均风速和气压计测压应分步进行
   D. 在局部阻力物前布置测点时，距离不得小于巷道宽度的2倍

2. 矿井自然风压是由于空气热温状态的变化，在矿井中产生的一种自然通风动力。下列不属于矿井自然风压影响因素的是（　　）。
   A. 矿井主要通风机的转速
   B. 地面气候
   C. 井筒断面积
   D. 井下空气温度和湿度

3. 两条或两条以上的通风巷道，在某一点分开，又在另一点汇合，其中间没有交叉巷道，这种巷道结构叫并联通风网络。下列关于并联通风网络特征的说法，错误的是（　　）。
   A. 总风压等于任一分支的风压
   B. 并联的风路越多，等积孔越大
   C. 总风阻等于各分支风阻之和
   D. 总风量等于各分支风量之和

4. 某低瓦斯矿井采用中央边界式通风方式，其中副斜井为主要进风巷，主斜井为辅助进风巷，边界立井回风。若主斜井发生皮带着火事故且火势较大，下列风流控制措施中，正确的是（　　）。
   A. 使用灭火器灭火，不改变主斜井进风量
   B. 停止主要通风机运行，直接灭火
   C. 启动应急预案，进行全矿井反风
   D. 适当减少矿井总进风量，从着火点上部逐渐向下灭火

5. 煤层瓦斯压力是鉴定煤层具有煤与瓦斯突出危险性的重要指标。根据《煤矿安全规程》，进行煤层突出危险性鉴定的瓦斯压力临界值是（　　）。
   A. 0.54MPa B. 0.64MPa
   C. 0.74MPa D. 0.84MPa

6. 煤矿瓦斯涌出量是指在矿井建设和生产过程中从煤与岩石内涌出的瓦斯量，影响矿井瓦斯涌出量的因素有地面大气压、瓦斯含量、通风方式和回采速度等。关于各因素对矿井瓦斯涌出量影响的说法，正确的是（　　）。
   A. 矿井地面大气压越大，瓦斯涌出量越大
   B. 瓦斯含量越高，瓦斯涌出量越大
   C. 压入式通风的矿井风压越高，瓦斯涌出量越大

考生注意事项

1. 答题前,考生须在试题册指定位置上填写工作单位、考生姓名和准考证号;在答题卡指定位置上填写考生姓名和准考证号,并涂写准考证号信息点。
2. 选择题的答案必须涂写在答题卡相应题号的选项上,非选择题的答案必须书写在答题卡指定位置的边框区域内。超出答题区域书写的答案无效;在草稿纸、试题册上答题无效。
3. 填(书)写部分必须使用黑色字迹签字笔或者钢笔书写,字迹工整、笔迹清楚;涂写部分必须使用2B铅笔填涂。
4. 考试结束,将答题卡和试题册按规定交回。

2020 年全国中级注册安全工程师职业资格考试
安全生产专业实务（煤矿安全）

准考证号：

考生姓名：

工作单位：

免费兑换 备考课程

(2) 煤柱留设的宽度 $=0.5KM(3p/K_p)^{1/2}=0.5\times5\times7\times(3\times0.4/0.3)^{1/2}=35$（m），大于实际最大留设宽度 25m，所以 13201 工作面回风顺槽与邻近矿井采空区之间 21~25m 的煤柱不安全。

5. 老空（窑）水害的主要防治对策就是严格执行探放水制度，以根除水患。在特定条件下可先隔后放，如老窑水与地表水体或强充水含水层存在密切的水力联系，探放后可能给矿区带来长期的排水负担和相应的突水危险时，则可先行隔离，留待矿井后期处理，但隔离煤柱留必须绝对可靠，并要注意沿煤层顶底板岩层的裂隙水绕流问题。防治 13201 工作面透水事故应采取的具体措施有：

(1) 克服麻痹侥幸心理，避免疏忽大意。
(2) 认真分析老窑积水的调查资料。
(3) 制定合理有效的防治对策。
(4) 严密组织探水掘进。
(5) 特别注意近探近放和贯通积水巷道和积水区。
(6) 重视自采自掘采空区废巷积水的探访放。
(7) 钻探、物探结合。

4. 该矿重大事故隐患整改应落实的内容有：
   (1) 强化隐患排查整改管理的领导责任。
   (2) 落实隐患排查治理措施，支持有效消除重大安全隐患的技术改造。
   (3) 加大安全隐患排查专项投入，落实配套资金。
   (4) 落实隐患排查治理时限，停产整改；逾期未完成的不得复产。
   (5) 完善企业隐患整改效果评价制度及应急预案体系，确保整改到位。

（三）

1. 该矿井绝对瓦斯涌出量为 $90.1 m^3/min$，大于 $40 m^3/min$，故该矿井瓦斯等级为高瓦斯矿井。

   具备下列条件之一的矿井为高瓦斯矿井：
   (1) 矿井相对瓦斯涌出量大于 $10 m^3/t$。
   (2) 矿井绝对瓦斯涌出量大于 $40 m^3/min$。
   (3) 矿井任一掘进工作面绝对瓦斯涌出量大于 $3 m^3/min$。
   (4) 矿井任一采煤工作面绝对瓦斯涌出量大于 $5 m^3/min$。

2. (1) 该矿井副斜井最高允许风速为 $15 m/s$，采区回风石门最高允许风速为 $6 m/s$，总回风巷最高允许风速为 $8 m/s$，回风立井最高允许风速为 $8 m/s$。
   (2) 风速超限的井巷有采区回风石门和回风立井。

3. 该矿井构筑的通风设施有调节风门和永久性挡风墙。

4. (1) 根据风排瓦斯量计算的综采工作面的配风量 $= 18.5 \times 1.2 \times 100 = 2\,220$（$m^3/min$），对应风速 $= 2\,220/\{60 \times [(6.2+5.6)/2] \times 2.4 \times 0.7\} = 3.733$（$m/s$）。

   根据作业人数计算的综采工作面的配风量 $= 25 \times 4 = 100$（m^3/min）；对应风速 $= 100/\{60 \times [(6.2+5.6)/2] \times 2.4 \times 0.7\} = 0.168$（$m/s$）。

   (2) 两种结果均低于最高风速，但是按照作业人数计算的综采工作面的配风量不满足最低风速要求，因此，取根据风排瓦斯量计算的综采工作面的配风量，即综采工作面的配风量为 $2\,220$（m^3/min）。

（四）

1. 煤矿防治水工作应坚持的"十六字"原则：预测预报、有疑必探、先探后掘、先治后采。
2. 13201 工作面回风顺槽探放水钻孔布置应考虑的参数有：超前距、允许掘进距离、帮距和钻孔密度等。
3. 13201 工作面回风顺槽防治老空积水应监测的内容有：
   (1) 矿井各含水层和积水区水位水压变化情况。
   (2) 矿井所在地区降水量、矿井不同区域涌水量及其变化情况。
   (3) 矿井受水害威胁区水文地质动态变化情况。
   (4) 矿井防排水设施运行状况。
   (5) 地面钻孔水位、水温监测等。
4. (1) 13201 工作面回风顺槽与邻近矿井采空区之间 21～25m 的煤柱不安全。

二、案例分析题

（一）

1. A　【解析】21303 工作面采用钻屑法进行监测，钻屑法是通过在煤层中打直径 42～50mm 的钻孔，根据排出的煤粉量及其变化规律和有关动力效应鉴别冲击地压的一种方法。钻屑法的检测指标包括钻屑量、深度和动力效应。钻屑量是每米钻孔所排出的煤粉量（kg/m）；深度指从煤壁至所测煤粉量的钻孔长度（m），或可折算为煤层采高的倍数；动力效应是钻孔过程中产生的声响、震动孔内冲击、卡钻和粒度变化等。

2. A　【解析】对于冲击地压采区区域性防范措施，在大范围内降低应力集中程度，减轻大量弹性能积聚和释放的外部条件，以及从煤岩体结构和力学性质入手，消除或削弱其积聚和突然释放变性能的内部条件。

3. CD　【解析】根据《防治煤矿冲击地压细则》的规定，开采冲击地压煤层时，在应力集中区内不得布置 2 个工作面同时进行采掘作业。2 个掘进工作面之间的距离小于 150m 时，采煤工作面与掘进工作面之间的距离小于 350m 时，2 个采煤工作面之间的距离小于 500m 时，必须停止其中 1 个工作面，确保 2 个回采工作面之间、回采工作面与掘进工作面之间、2 个掘进工作面之间留有足够的间距，以避免应力叠加导致冲击地压的发生。相邻矿井、相邻采区之间应当避免开采相互影响。选项 C、D 满足上述要求。

4. AC　【解析】按照生产条件的不同，冲击地压发生的具体原因可分为自然、技术和组织管理因素 3 个方面。自然因素最基本的因素是原岩应力，主要由岩体的重力和构造残余应力组成。井巷周围岩体的应力由采深决定，而构造残余应力则很难预计。此外，断层附近也会出现相当大的水平应力，褶曲的轴部附近的情况也可能如此。在一定的采深条件下，比较强烈的冲击地压一般会出现在地层中具有高强度的岩层情况下，特别是在顶板中有坚硬厚层砂岩的情况下。选项 A、C 符合题意。

5. ABC　【解析】冲击地压安全防护措施：有冲击地压危险的采掘工作面，供电、供液等设备应当放置在采动应力集中影响区外。对危险区域内的设备、管线、物品等应当采取固定措施，管路应当吊挂在巷道腰线以下。冲击地压危险区域的巷道必须加强支护，采煤工作面必须加大上下出口和巷道的超前支护范围和强度。严重冲击地压危险区域，必须采取防底鼓措施。进入严重冲击地压危险区域的人员，必须采取特殊的个体防护措施。有冲击地压危险的采掘工作面必须设置压风自救系统，明确发生冲击地压时的避灾路线。

（二）

1. 该矿水灾专项应急预案缺少的 2 项内容：应急指挥机构职责和处置措施。

2. 根据《煤矿重大事故隐患判断标准》，该矿存在的重大事故隐患有：
   （1）超生产能力开采。
   （2）该矿为高瓦斯矿井，有冲击地压危险，水文地质类型复杂，未采取有效措施。
   （3）煤层均为自燃煤层，未采取有效措施。

3. 该矿 8402 综采工作面存在的重大安全风险有：高瓦斯突出风险、冲击地压风险、水文地质类型复杂风险、突水风险、自燃煤层发火风险。

15. B 【解析】根据《煤矿安全规程》，在井筒内运送爆炸材料时，应遵守下列规定：①电雷管和炸药必须分开运送；但在开凿或者延深井筒时，符合本规程规定的，不受此限。②必须事先通知绞车司机和井上、下把钩工。③运送硝化甘油类炸药或电雷管时，罐笼内只准放1层爆炸材料箱，不得滑动。运送其他类炸药时，爆炸材料箱堆放的高度不得超过罐笼高度的2/3。④在装有爆炸材料的罐笼或者吊桶内，除爆破工或护送人员外，不得有其他人员。⑤罐笼升降速度，运送硝化甘油类炸药或电雷管时，不得超过2m/s；运送其他类爆炸材料时，不得超过4m/s。吊桶升降速度，不论运送何种爆炸材料，都不得超过1m/s。司机在启动和停绞车时，应保证罐笼或吊桶不震动。⑥在交接班、人员上下井的时间内，严禁运送爆炸材料。⑦禁止将爆炸材料存放在井口房、井底车场或者其他巷道内。

16. D 【解析】《煤矿安全规程》规定，处理拒爆、残爆时，必须在班组长指导下进行，并应在当班处理完毕。如果当班未能处理完毕，当班爆破工必须在现场向下一班爆破工交接清楚。处理拒爆时，必须遵守下列规定：①由连线不良造成的拒爆，可重新连线起爆。②在距拒爆炮眼0.3m以外另打与拒爆炮眼平行的新炮眼，重新装药起爆。③严禁用镐刨或者从炮眼中取出原放置的起爆药卷或从起爆药卷中拉出电雷管。不论有无残余炸药，严禁将炮眼残底继续加深；严禁用打眼的方法往外掏药；严禁用压风吹拒爆、残爆炮眼。④处理拒爆的炮眼爆炸后，爆破工必须详细检查炸落的煤、矸，收集未爆的电雷管。⑤在拒爆处理完毕以前，严禁在该地点进行与处理拒爆无关的工作。

17. C 【解析】选项A错误，在工作面进行电气设备或机械设备检修时，必须有专人到上一级开关办理停送电手续。选项B错误，掘进供电必须执行"三专""两闭锁"，即专用变压器、专用开关、专用线路供电，风与电、瓦斯与电闭锁。选项D错误，在降配电硐室更换、检修设备时，必须到上一级降配电硐室办理停送电手续，并悬挂"禁止合闸，有人工作"的警告牌。

18. B 【解析】选项B错误，巷道内安设带式输送机时，输送机距支护或碹墙的距离不得小于0.5m。

19. A 【解析】测定摩擦阻力系数时，测定断面应选择在风流较稳定的区域。在局部阻力物前布置测点，距离不得小于巷宽的3倍；在局部阻力物后布置测点，距离不得小于巷宽的8～12倍。测段距离和风量均较大时，压差应不低于20Pa。

20. D 【解析】瓦斯与煤尘爆炸时，爆炸冲击波传播，可能导致附近井巷大气风流出现停滞、颤动，人的耳鼓膜受压等现象。为避免或减小随之而来的燃烧波的危害，井下人员一旦发现这种情况时，要沉着、冷静，采取措施进行自救。具体方法是：背向空气颤动的方向，俯卧倒地，面部贴在地面，闭住气暂停呼吸，用毛巾捂住口鼻，防止把火焰吸入肺部。最好用衣物盖住身体，尽量减少身体暴露面积，以减少烧伤。爆炸后，要迅速按规定佩戴好自救器，弄清方向，沿着避灾路线，赶快撤退到新鲜风流中，假如巷道破坏严重，不知撤退是否安全时，可以到支护较完整的地点躲避，等待救护。

根据题干背景，计划开拓区域的瓦斯含量为 $7.3m^3/t$，在超前钻探中，发现前方有构造带，但未发生喷孔现象，判断该区域属于突出危险区。

6. C 【解析】全风压通风属于抽出式通风，是将污风经风筒由局部通风机抽出，使新鲜空气由巷道进入工作面。抽出式通风产生负压，因此回风量大于进风量。

7. C 【解析】选项 A 错误，当瓦斯喷出量小或裂缝不大时，可用罩子或铁风筒等设施将喷出的裂缝封堵好，加盖水泥密封，并通过管路把瓦斯引排到抽放管路、回风巷或地面。选项 B 错误，加强职工业务培训，掌握瓦斯喷出预兆，配备隔绝式自救器，安设压气自救系统，熟悉避灾路线和仪器使用方法。选项 D 错误，根据初期卸压面积估算泄压瓦斯量，以确定抽放卸压钻孔的数量及孔位。

8. B 【解析】采用全风压通风方式通风，应先拆除回风巷密闭，再拆除进风巷密闭，有利于通风。

9. D 【解析】选项 A 错误，采前预灌适用于开采特厚煤层，以及采空区多且极易自燃的煤层。选项 B 错误，采后封闭灌浆的目的：①充填最易发生自燃火灾的终采线空间；②封闭整个采空区。选项 C 错误，当煤层的自然发火期较长时，为避免采煤、灌浆工作相互干扰，可在一个区域（工作面、采区、一翼）采完后，封闭上下出口进行灌浆，即为采后封闭灌浆。

10. B 【解析】局部风量调节有增加风阻调节法和降低风阻调节法。增加风阻调节法是通过在巷道中安设调节风窗等设施，增大巷道局部阻力，从而降低与该巷道处于同一通路中的风量，或增大与其并联的通路中的风量。降低风阻调节法的实质是为了保证风量的按需分配，在风阻较大的风路中设法降低风阻，从而增大与该巷道处于同一通路中的风量，或降低与其并联的通路中的风量。本题中，为了增大甲风路中的风量，应在乙风路增设调节风窗。

11. B 【解析】根据公式，该采空区探放水最大流量 $=V/2-3\,000-Q=10\,000/2-3\,000-1\,200=800$ (m^3/h)。

12. B 【解析】选项 A 错误，当采用封孔器封孔时，应按封孔器的要求确定钻孔直径，以便使封孔器处于最大工作压力。选项 C 错误，实践证明，长时间进行小流量的注水方式更利于增强煤层湿润的效果。选项 D 错误，钻孔长度：短钻孔长度一般应等于工作面日进度加 $0.2m$；深钻孔长度根据作业循环而定，一般取 $10m$，并不是钻孔越长，注水效果越好。

13. B 【解析】工作面底板灰岩含水层突水预兆：①工作面压力增大，底板鼓起，底鼓量有时可达 500mm 以上；②工作面底板产生裂隙，并逐渐增大；③沿裂隙或煤帮向外渗水，随着裂隙的增大，水量增加，当底板渗水量增大到一定程度时，煤帮渗水可能停止，此时水色时清时浊，底板活动使水变浑浊，底版稳定使水色变清；④底板破裂，沿裂隙有高压水喷出，并伴有"嘶嘶"声或刺耳水声；⑤底板发生"底爆"，伴有巨响，地下水大量涌出，水色呈孔乳白色或黄色。

14. A 【解析】常用的锚杆支护的作用机理包括：①悬吊作用；②组合梁作用；③组合拱作用；④围岩强度强化作用；⑤最大水平应力理论；⑥松动圈支护理论。

参考答案及解析

一、单项选择题

1. B 【解析】矿井绝对瓦斯涌出量是指单位时间涌出的瓦斯量。矿井瓦斯涌出包括生产采区瓦斯涌出和已采采区的采空区瓦斯涌出两部分,该矿井绝对瓦斯涌出量=(5 000+250)×(6-3.1)/(24×60)+1.5=12.07(m³/min)。

2. C 【解析】选项 A 错误,选项 C 正确,火区封闭的范围越小,维持燃烧的氧气越少,火区熄灭也就越快,因此火区封闭要尽可能地缩小范围,并尽可能地减少防火墙的数量。选项 B、D 错误,多风路火区一般是先封闭对火区影响不大的次要风路的巷道,然后封闭火区的主要进回风巷道。

3. D 【解析】矿井外部漏风率 $L=(Q_排-Q_总)/Q_排×100\%$。式中,L——矿井外部漏风率;$Q_排$——矿井主通风机出风口风量;$Q_总$——矿井总回风巷风量。该矿井的外部漏风率=(5 500-5 000)/5 500×100%=9.1%。

4. B 【解析】根据《煤矿安全规程》,设备设施距松动爆破区外端的安全距离(单位:m)见下表,选项 B 正确。

设备名称	深孔爆破	浅孔及二次爆破	备注
挖掘机、钻孔机	30	40	司机室背向爆破区
风泵车	40	50	小于此距离应当采取保护措施
信号箱、电气柜、变压器、移动变电站	30	30	小于此距离应当采取保护措施
高压电缆	40	50	小于此距离应当拆除或者采取保护措施

5. A 【解析】根据《防治煤与瓦斯突出细则》,根据煤层瓦斯参数结合瓦斯地质分析的区域预测方法应当按照下列要求进行:①煤层瓦斯风化带为无突出危险区。②根据已开采区域确切掌握的煤层赋存特征、地质构造条件、突出分布的规律和对预测区域煤层地质构造的探测、预测结果,采用瓦斯地质分析的方法划分出突出危险区。当突出点或者具有明显突出预兆的位置分布与构造带有直接关系时,则该构造的延伸位置及其两侧一定范围的煤层为突出危险区;否则,在同一地质单元内,突出点和具有明显突出预兆的位置以上 20m (垂深)及以下的范围为突出危险区。③在前述①项划分出的无突出危险区和②项划分的突出危险区以外的范围,应当根据煤层瓦斯压力 P 和煤层瓦斯含量 W 进行预测。预测所依据的临界值应按下表预测。

瓦斯压力 P/MPa	瓦斯含量 W/(m³/t)	区域类别
$P<0.74$	$W<8$(构造带 $W<6$)	无突出危险区
除上述情况以外的其他情况		突出危险区

(四)

某煤矿属于水文地质类型复杂的矿井，设计生产能力为1.5Mt/a。该矿只有13#煤层1个可采煤层，平均厚度7m，埋深240～385m，倾角0°～5°，属于全区稳定可采煤层。该煤上部岩层有含水层，无冲击地压倾向性。

2017年4月1日，矿井开始沿井田边界施工13201回风顺槽掘进工作面，巷道沿底板掘进，宽4.8m，高3.8m。经调查邻近矿井为已经废弃的封闭老窑，开采图纸等资料不详。该矿制定了探放水措施，但在生产过程中并未严格按规定进行探放水作业。

4月28日19时30分，当班工人在13201工作面回风顺槽掘进工作面作业时，发现迎头附近出现雾气，煤帮出现淋水且淋水量不断增大，局部出现掉渣、片帮等现象。20时05分，该矿生产技术部副部长到该工作面巡查，但未作任何安排便自行离开。当班工人继续进行掘进作业。21时40分，13201工作面回风顺槽掘进工作面迎头发生透水事故。

21时45分，当班瓦检员第2次巡检行至该巷道口时，听到异常响声，看到风筒摆动、巷道底板积水不断增加，马上向矿调度室汇报。矿调度员立即通知井下所有人员升井，同时向矿领导进行了汇报。经统计，当班井下作业人员158人，紧急升井153人，事故共造成5人死亡。

事故调查发现：

（1）安全管理比较混乱。

（2）防治水技术管理仅由1名机电专业的助理工程师负责。

（3）除掘进迎头附近区域外，13201工作面回风顺槽与邻近矿井采空区之间的煤柱宽度为21～25m。

（4）13201回风顺槽邻近矿井采空区积水量达425 600m³，水头压力达0.4MPa。

（5）13#煤的抗拉强度为0.3MPa。

根据事故调查结论，政府相关部门要求该矿深刻吸取教训，严格遵循煤矿防治水工作原则，按照《煤矿安全规程》和《煤矿防治水细则》相关规定，对存在问题或隐患进行整改。

注：防隔水煤（岩）柱计算公式：$L=0.5KM(3p/K_p)^{1/2}$。式中，L——煤柱留设的宽度（m）；K——安全系数，一般取2～5，本题取5；M——煤层的厚度或者采高（m）；p——实际水头值（MPa）；K_p——煤的抗拉强度（MPa）。

根据以上场景，完成下列题目：（共26分）

1. 列出煤矿防治水工作应坚持的"十六字"原则。
2. 简述13201工作面回风顺槽探放水钻孔布置应考虑的参数。
3. 指出13201工作面回风顺槽防治老空积水应监测的内容。
4. 判断13201工作面回风顺槽与邻近矿井采空区之间21～25m的煤柱是否安全，并计算说明。
5. 提出防治13201工作面透水事故应采取的措施。

（三）

某煤矿开采 4# 煤层，核定年生产能力为 3Mt。该矿有主斜井、副斜井、回风立井 3 个井筒，采用中央边界式通风。副斜井主进风，回风立井回风，地面建有永久瓦斯抽放系统。综采工作面采用 U 型通风，上隅角附近设置木板隔墙引导风流稀释冲淡瓦斯，该工作面采取了喷雾降尘措施，未进行煤层注水。掘进工作面采用局部通风机压入式通风，选用 FBD－No6.3/2×30 局部通风机，配套柔性风筒。备用采煤工作面进风巷内设置调节风门进行风量调节。采区进风上山和回风上山之间的联络巷内按要求砌筑永久性挡风墙隔断风流。相邻采煤工作面之间设置了隔爆水棚。

矿井煤层瓦斯含量为 12.9m³/t，矿井绝对瓦斯涌出量为 90.1m³/min，相对瓦斯涌出量为 55.5m³/t，综采工作面绝对瓦斯涌出量为 59.3m³/min，掘进工作面绝对瓦斯涌出量为 3.8m³/min。矿井采取抽采措施后，综采工作面风排瓦斯量为 18.5m³/min，工作面瓦斯涌出不均衡备用风量系数按 1.2 考虑；综采工作面平均采高 2.4m，最大控顶距 6.2m，最小控顶距 5.6m，综采工作面有效通风断面面积按 70% 考虑；综采工作面同时最多作业人数为 25 人。综采工作面上隅角一氧化碳浓度为 0.0012%。

根据 2017 年 3 月份矿井通风阻力测定报告，矿井通风路线长度为 12 000m，较投产初期增加 4 000m；矿井有 5 处巷道失修，变形严重，断面减小；1 处有严重积水。测定结果显示：矿井自然风压为 353Pa，总进风量为 10 476m³/min，总回风量为 10 671m³/min，总阻力为 2 660Pa，副斜井风速为 6.9m/s，采区回风石门风速为 6.4m/s，总回风巷风速为 7.8m/s，回风立井风速为 10.6m/s。矿井风量大且过于集中。根据矿井通风阻力测定报告反映出的问题，矿领导责成相关部门制定整改方案，对通风系统进行优化改造。

根据以上场景，完成下列题目：（共 22 分）

1. 判断该矿井瓦斯等级，并列出该等级的判定标准。
2. 根据《煤矿安全规程》，列出该矿井副斜井、采区回风石门、总回风巷、回风立井的最高允许风速，并指出风速超限的井巷。
3. 列出该矿井构筑的通风设施。
4. 根据风排瓦斯量和作业人数分别计算综采工作面的配风量，按照风速进行验算并给出结论。

4. 与本次事故发生有关的因素有（　　）。

   A. 工作面顶板有厚度较大的坚硬岩层　　B. 工作面底板为泥岩，影响支护效果

   C. 煤层埋藏深，自重应力较大　　　　　D. 工作面两巷留设了底煤

   E. 顶板有淋水且未处理

5. 针对 21303 工作面冲击地压风险应采取的安全防护措施有（　　）。

   A. 工作面人员穿防砸靴　　　　　　　　B. 工作面人员穿防冲服

   C. 工作面安装压风自救系统　　　　　　D. 工作面安装正反向风门

   E. 工作面前方 50m 内巷道杂物清理干净

（二）

某煤矿设计生产能力 1.20Mt/a，2004 年 11 月投产，2008 年矿井核定生产能力为 1.80Mt/a。该矿为高瓦斯矿井，有冲击地压危险，水文地质类型复杂，最大涌水量为 2 000m³/h，采用双回路供电。井田内有 8# 煤层和 10# 煤层 2 个可采煤层，均为自燃煤层，平均厚度为 6.68m。

目前有 8# 煤层 4 采区和 10# 煤层 5 采区 2 个生产采区，采区上山两翼布置走向长壁综采工作面，8# 煤层布置 8402 综采工作面，10# 煤层布置 1 个备用综采工作面。

2020 年 10 月 15 日，该煤矿邀请专家组进行了安全生产标准化达标预验收。专家组在检查中发现：该煤矿共配备生产、掘进、通风、机电 4 名副总工程师；1 月份生产原煤 15.2 万吨，2 月份生产原煤 17.5 万吨；进风大巷有一盏照明灯失爆；8402 综采工作面生产班安排了 51 名职工作业，有一台电气开关失爆；8# 煤层 4 采区东翼有 2 个煤巷掘进面和 1 个半煤岩巷掘进面同时掘进；主排水泵房的工作水泵额定工作能力为 2 500m³/h；水灾专项应急预案包括事故风险分析、应急指挥机构、处置程序和注意事项四个部分内容。

该煤矿针对专家检查发现的问题，矿长口头指定了整改责任人，但没有开展实际整改工作，导致该矿最终未通过安全生产标准化达标验收。

根据以上场景，完成下列题目：（共 22 分）

1. 补充该矿水灾专项应急预案缺少的 2 项内容。

2. 根据《煤矿重大事故隐患判定标准》，指出该矿存在的重大事故隐患。

3. 根据《煤矿安全生产标准化管理体系基本要求及评分方法（试行）》，辨识该矿 8402 综采工作面的重大安全风险。

4. 依据《煤矿安全生产标准化考核定级办法（试行）》，对照煤矿事故隐患治理"五落实"的要求，指出该矿重大事故隐患整改应落实的工作内容。

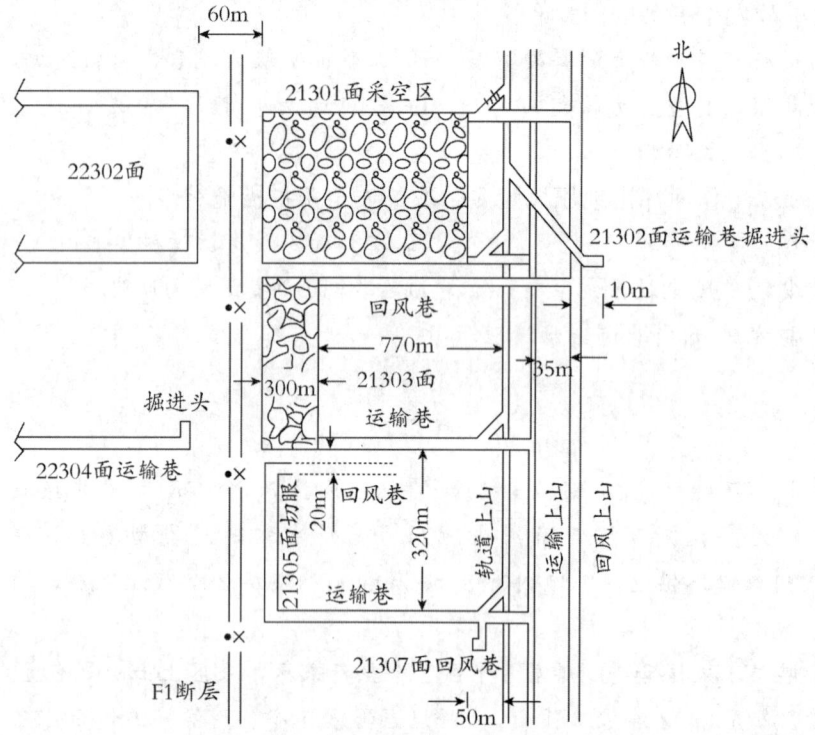

图 1　采掘工作面位置关系图

根据以上场景，完成下列题目：（共 10 分，每题 2 分，1 至 2 题为单项选择题，3 至 5 题为多项选择题）

1. 21303 工作面开采过程中，下列监测数据中，可以用于冲击地压预测预报的是（　　）。

   A. 每米钻孔排出的煤粉量　　　　B. 监测到的 1 个地音信号强度

   C. 工作面支架底板比压　　　　　D. 工作面支架初撑力

   E. 工作面超前支护段两帮移近量

2. 为防止 21303 工作面再次发生类似事故，可采取的合理措施是（　　）。

   A. 爆破松动两巷所留底煤，降低底煤的应力集中程度

   B. 每隔 20m 施工一个孔径为 42mm、长度为 50m 与顶板平行的煤层钻孔

   C. 对工作面推进方向的深部煤体进行水力割缝

   D. 爆破处理采煤工作面两端头后方悬顶

   E. 超前爆破处理煤层上方顶板中的中砂岩

3. 依据《防治煤矿冲击地压细则》，该煤矿 8 月 16 日可以回采或掘进的工作面有（　　）。

   A. 22302 回采工作面　　　　　　B. 22304 切眼掘进工作面

   C. 21302 运输巷掘进工作面　　　D. 21307 回风巷掘进工作面

   E. 从切眼施工的 21305 回风巷掘进工作面

下列关于通风阻力测定地点选择和测段确定的说法，正确的是（   ）。

A. 测点间的距离和风量均较大，压差不低于20Pa

B. 测点应布置在局部阻力物前方2倍巷宽处

C. 测点应布置在局部阻力物后方6倍巷宽处

D. 测点应选择在风流不稳定的区域

20. 瓦斯与煤尘爆炸会产生强烈的爆炸冲击波和燃烧波，为避免或减小燃烧波的危害，井下矿工应积极采取措施进行自救。下列自救措施中，错误的是（   ）。

A. 背对空气颤动的方向，俯卧倒地

B. 闭住气暂停呼吸，用毛巾捂住口鼻

C. 用衣物盖住身体

D. 立即撤至回风巷道

二、案例分析题[共80分。案例（一）为客观题，包括单项选择题和多项选择题，案例（二）至（四）为主观题。单项选择题每题的备选项中只有1个最符合题意，多项选择题每题的备选项中有2个或2个以上符合题意。错选多选，本题不得分；少选，所选的每个选项得0.5分]

（一）

某煤矿地表平坦，平均海拔305m，只有3#煤层一个可采煤层，煤层底板标高－220～－260m，平均普氏系数 f 为1.6（简称 $f=1.6$），平均开采厚度为4.5m。工作面直接顶为泥岩或粉砂岩，平均厚度3.2m，$f=2$；基本顶为中砂岩，平均厚度18.9m，$f=5.5$；基本顶之上为平均厚度4m的砂质页岩和泥岩互层，$f=2.5$；再上为平均厚度30m的砂砾岩，$f=7$。直接底为平均厚1.6m的泥岩，其下为平均厚9m的细砂岩。

该矿目前正在开采21303工作面，工作面采长270m。该工作面北部是21301采空区，南部是正在准备中的21305工作面，西侧为二采区，东侧为一采区的3条上山。采掘工作面位置关系如图1所示。21303工作面安装了微震监测系统、应力在线监测系统、支架压力在线监测系统和地音监测系统，采用钻屑法进行监测。因顶板有淋水，工作面两巷留设了0.3m的底煤。

2019年7月5日，21303工作面开始回采，至8月16日工作面已经推进300m，8月10日—8月16日，微震监测能量时间频次从每天12次增加到46次，总能量增幅3倍以上，煤矿没有采取任何措施。8月17日夜班2时15分，采煤机正在机头割煤，工作面突然出现连续煤炮，当班班长和安监员决定停止生产，撤出人员。在人员撤离过程中，工作面突然发生巨大声响和震动，15名工人受到不同程度的冲击，其中1名工人在21303工作面运输巷转载机过桥处受伤，5根肋骨骨折。

时清时浊，具有明显的突水征兆。据此判断该工作面有可能发生的突水类型是（　　）。

A. 老空（窑）水突水

B. 底板灰岩含水层突水

C. 冲积层水突水

D. 陷落柱与断层突水

14. 井巷支护是掘进工作面和井巷防治顶板灾害事故的主要技术手段，不同的支护方式体现了不同的作用机理。下列支护方式中，应用"最大水平应力理论"的是（　　）。

A. 锚杆支护

B. 混凝土支护

C. 钢筋（管）混凝土支护

D. U型钢金属支护

15. 某煤矿利用井筒罐笼运送炸药和电雷管。根据《煤矿安全规程》，下列关于罐笼运送电雷管安全措施的说法，正确的是（　　）。

A. 罐笼内放置装有电雷管的爆炸物品箱，不得超过2层

B. 罐笼升降速度不得超过2m/s

C. 罐笼内不得有任何人员

D. 装有电雷管的车辆不得直接推入罐笼内运送

16. 某煤矿在爆破作业过程中，因连线不良，发生了拒爆，班长要求爆破工及时处理。下列处理拒爆的做法中，正确的是（　　）。

A. 缓慢从炮眼中取出起爆药卷

B. 用压风吹拒爆炮眼

C. 更换原起爆药卷中的电雷管

D. 重新连线起爆

17. 煤矿进行电气停送电时，应由持证电工操作。下列关于设备、设施停送电操作的说法，正确的是（　　）。

A. 在设备线路上进行工作时，无须切断上一级开关电源

B. 经批准，掘进工作面瓦斯电闭锁可甩掉不用

C. 高压停、送电的操作，应通过书面或其他联系方式进行申请

D. 在降配电硐室检修设备时，应到地面配电所办理停送电手续

18. 带式输送机是井工煤矿最常用的主运输设备，适用于水平巷道和倾斜巷道的煤炭运输。下列关于井下带式输送机使用管理的说法，错误的是（　　）。

A. 固定带式输送机的转载点和机头应设置消防设施

B. 巷道内安设带式输送机时，输送机与巷帮支护的距离不得小于0.3m

C. 采用绞车拉紧的带式输送机运行时必须配备可靠的测力计

D. 下运带式输送机电机在第二象限运行时，必须装设可靠的制动器

19. 矿井通风阻力测定地点的选择与测段的确定，直接关系到摩擦阻力系数测算的准确性。

一、单项选择题（共20题，每题1分。每题的备选项中，只有1个最符合题意）

1. 某矿井有1个综采工作面，2个煤巷掘进工作面，1个岩巷掘进工作面，其中，综采工作面日生产煤量5 000t，煤巷掘进工作面日生产总煤量250t。矿井煤层瓦斯含量为6m³/t，不可解吸瓦斯量为3.1m³/t。封闭采空区的瓦斯抽采量为1.5m³/min。矿井绝对瓦斯涌出量为（　　）。

   A. 23.38m³/min　　　　　　　　B. 12.07m³/min
   C. 10.57m³/min　　　　　　　　D. 9.07m³/min

2. 某矿井综采工作面采空区自然发火，采取灭火措施失败后，总工程师要求立即封闭火区，防止火灾事态扩大，下列关于封闭火区的说法，正确的是（　　）。

   A. 尽可能增加防火墙数量
   B. 多风路火区先封闭主要进回风巷道
   C. 尽可能缩小火区封闭范围
   D. 多风路火区先封闭所有回风巷

3. 某矿井总回风巷的风量为5 000m³/min，主要通风机出风口的风量为5 500m³/min。该矿井的外部漏风率是（　　）。

   A. 11%　　　　　　　　　　　B. 10%
   C. 9.5%　　　　　　　　　　　D. 9.1%

4. 露天煤矿采用深孔松动爆破作业时，必须在松动爆破区外设置警戒范围，确保人员撤出警戒区，设备撤至安全区域。若挖掘机位于警戒范围内且不能撤离，挖掘机距松动爆破区外端的距离应不小于（　　）。

   A. 20m　　　　　　　　　　　B. 30m
   C. 40m　　　　　　　　　　　D. 50m

5. 开采突出煤层前，首先要进行区域突出危险性预测。某突出矿井计划开拓区域的瓦斯含量为7.3m³/t，在超前钻探中，发现前方有构造带，但未发生喷孔现象。根据《防治煤与瓦斯突出细则》，该区域属于（　　）。

   A. 突出危险区
   B. 无突出危险区
   C. 突出威胁区
   D. 无突出威胁区

6. 某矿井煤层埋藏深度为500～580m，有1#煤层和2#煤层2个可采煤层，层间距为20m，矿井采用全风压通风，上部1#煤层已开采完毕。关于2#煤层的采煤工作面，下列进风量与回风量（包括抽采）关系的说法，正确的是（　　）。

   A. 回风量小于进风量
   B. 回风量等于进风量
   C. 回风量大于进风量
   D. 回风量与进风量无关

考生注意事项

1. 答题前,考生须在试题册指定位置上填写工作单位、考生姓名和准考证号;在答题卡指定位置上填写考生姓名和准考证号,并涂写准考证号信息点。

2. 选择题的答案必须涂写在答题卡相应题号的选项上,非选择题的答案必须书写在答题卡指定位置的边框区域内。超出答题区域书写的答案无效;在草稿纸、试题册上答题无效。

3. 填(书)写部分必须使用黑色字迹签字笔或者钢笔书写,字迹工整、笔迹清楚;涂写部分必须使用2B铅笔填涂。

4. 考试结束,将答题卡和试题册按规定交回。

2021 年全国中级注册安全工程师职业资格考试
安全生产专业实务（煤矿安全）

免费兑换 备考课程

(5) 已经采取的措施。
(6) 其他应当报告的情况。

4. 防止掘进工作面冒顶事故应采取下列措施：
(1) 根据掘进工作面围岩性质，严格控制控顶距；当掘进工作面遇到断层、褶曲等地质构造破坏带或层理裂隙发育的岩层时，棚子应紧靠掘进工作面。
(2) 严格执行"敲帮问顶"制度，危石必须挑下，无法挑下时应采取临时支撑措施，严禁空顶作业。
(3) 在地质破坏带或层理裂隙发育区掘进巷道时要缩小棚距，在掘进工作面附近应采用拉条等把棚子连成一体，防止棚子被推垮，必要时还要打中柱。
(4) 掘进工作面冒顶区及破碎带必须背严接实，必要时要挂金属网防止漏空。
(5) 掘进工作面炮眼布置及装药量必须与岩石性质、支架与掘进工作面距离相适应，以防止因爆破而崩倒棚子。
(6) 采用"前探掩护支架"，使工人在顶板有防护的条件下出矸、支护，防止冒顶伤人。

(四)

1. A煤矿可能发生的事故类型有顶板事故、水害、冲击地压、煤尘爆炸、瓦斯爆炸、运输事故、机电事故、其他等。

2. A煤矿存在的重大事故隐患有：
(1) 瓦斯超限作业。
(2) 越界越层开采。
(3) 有冲击地压危险，未采取有效措施。
(4) 通风系统不完善、不可靠。
(5) 有严重水患，未采取有效措施。
(6) 其他重大事故隐患。

3. A煤矿在防治水方面存在的问题：
(1) 未按规定配备满足工作需要的防治水专业技术人员，配齐专用的探放水设备，建立专门的探放水作业队伍，储备必要的水害抢险救灾设备和物资。生产技术科仅有1名兼职人员负责防治水技术管理工作，且探放水工作由掘进队负责。
(2) 未进行探放水设计和开展探测工作，未根据风险评估结论及应急资源状况，制定水害应急专项预案和现场处置方案。

4. A煤矿水害应急专项预案应包括应急处置基本原则、应急组织机构及职责、预防与预警、应急处置、应急物资与装备保障、水害事故类型及其危害程度分析、信息报告程序。

5. A煤矿水害预警系统应具备的基本功能：建设多参数实时水文动态监测系统，实时在线监测井下水位、水压、水量等指标，具备井下水害智能预测、预警功能，并与排水系统联动。

所以该矿水文地质类型为复杂。

3. 该矿七项防治水综合配套措施：探、防、堵、疏、排、截、监。

   (1) "探"是指煤巷和半煤巷施工作业时采取物探和钻探两种探放水手段。

   (2) "防"是指合理留设各类防隔水煤（岩）柱。

   (3) "堵"是指注浆封堵具有突水威胁的含水层和导水通道。

   (4) "疏"是指探放老空水和对承压含水层进行疏水降压。

   (5) "排"是指完善矿井排水系统。

   (6) "截"是指加强地表水的截流治理。

   (7) "监"是指建立矿井地下水动态监测系统，必要时建立突水监测预警系统，及时掌握地下水的动态变化。

4. 根据《煤矿防治水细则》，工作水泵的能力，应当能在20h内排出矿井24h的正常涌水量（包括充填水及其他用水）。备用水泵的能力，应当不小于工作水泵能力的70%。检修水泵的能力，应当不小于工作水泵的25%。工作和备用水泵的总能力，应当能在20h内排出矿井24h的最大涌水量。

   根据案例背景可知，$220 \times 20 = 4\,400$（m^3）$> 180 \times 24 = 4\,320$（m^3），说明该矿工作水泵20h内排水能力大于矿井24h的正常涌水量；$(220+110 \times 2) \times 20 = 8\,800$（$m^3$）$> 360 \times 24 = 8\,640$（$m^3$），说明该矿工作水泵和备用水泵在20h内的排水能力大于矿井24h的最大涌水量。所以，该矿水泵的排水能力满足要求。

（三）

1. 矿（地）压灾害发生前，可能有发生煤壁片帮、顶板下沉速度急剧增加、支柱载荷急剧增大，靠煤壁顶板断裂、掉渣，煤炮密集等征兆。

2. 常用的锚杆支护的作用机理如下：

   (1) 悬吊作用。

   (2) 组合梁作用。

   (3) 组合拱作用。

   (4) 围岩强度强化作用。

   (5) 最大水平应力理论。

   (6) 松动圈支护理论。

   （以上内容答出三种即可）

3. 根据《生产安全事故报告和调查处理条例》，煤矿应向当地应急管理部门提交的事故报告包括下列内容：

   (1) 事故发生单位概况。

   (2) 事故发生的时间、地点以及事故现场情况。

   (3) 事故的简要经过。

   (4) 事故已经造成或者可能造成的伤亡人数（包括下落不明的人数）和初步估计的直接经济损失。

4. ADE　【解析】煤与瓦斯突出的预兆分为无声预兆和有声预兆。无声预兆有：①煤层结构变化，层理紊乱，煤层由硬变软、由薄变厚，倾角由小变大，煤由湿变干，光泽黯淡，煤层顶底板出现断裂，煤岩严重破坏等；②工作面煤体和支架压力增大，煤壁外鼓、掉渣、煤块迸出等；③瓦斯增大或忽小忽大，煤尘增多。有声预兆有：出现煤爆声、闷雷声、深部岩石或煤层破裂声、支柱折断声等。

5. ABE　【解析】选项C错误，右侧钻机施工出现顶钻、响煤炮现象，是发生了突出预兆。此时，班组长、瓦斯检查工、矿调度员有权责令相关现场作业人员停止作业，停电撤人。选项D错误，突出煤层工作面的作业人员、瓦斯检查工、班组长应当掌握突出预兆。发现突出预兆时，必须立即停止作业，按避灾路线撤出，并报告矿调度室。

(二)

1. 该矿应建立的其他防治水制度：
(1) 煤矿防治水工作应坚持"预测预报、有疑必探、先探后掘、先治后采"的十六字原则，采取"探、防、堵、疏、排、截、监"综合防治措施。
(2) 煤矿企业应当建立健全各项防治水制度，配备满足工作需要的防治水专业技术人员，配齐专用探放水设备，建立专门的探放水作业队伍，储备必要的水害抢险救灾设备和物资。对水文地质条件复杂、极复杂的煤矿，应当设立专门的防治水机构。
(3) 煤矿企业应当编制本单位治水中长期规划（5～10年）和年度计划，并组织实施。矿井水文地质类型应当每3年修订一次。发生重大及以上突（透）水事故后，矿井应当在恢复生产前重新确定矿井水文地质类型。对水文地质条件复杂、极复杂矿井，应当每月至少开展1次水害隐患排查，对其他矿井应当每季度至少开展1次。
(4) 当矿井水文地质条件尚未查清时，应当进行水文地质补充勘探工作。
(5) 应当对矿井主要含水层进行长期水位、水质动态观测，设置矿井和各出水点涌水量观测点，建立涌水量观测成果等防治水基础台账，并开展水位动态预测分析工作。
(6) 应当编制矿井防治水图件，并至少每半年修订1次。
(7) 采掘工作面或者其他地点发现有煤层变湿、挂红、挂汗、空气变冷、出现雾气、水叫、顶板来压、片帮、淋水加大、底板鼓起或者裂隙渗水、钻孔喷水、煤壁溃水、水色发浑、有臭味等透水征兆时，应当立即停止作业，撤出所有受水患威胁地点的人员，报告矿调度室，并发出警报。在原因未查清、隐患未排除之前，不得进行任何采掘活动。

(以上内容答出四项即可)

2. (1) 根据矿井受采掘破坏或者影响的含水层及水体、矿井及周边老空水分布状况、矿井涌水量或者突水量分布规律、矿井开采受水害影响程度以及防治水工作难易程度，把矿井水文地质类型分为简单、中等、复杂、极复杂等4种。该矿水文地质类型为复杂。
(2) 依据：案例背景中，根据"矿井含水层为孔隙、裂隙、岩溶含水层，补给条件良好"判定水文地质类型为中等；根据"顶板砂砾岩层单位涌水量为$1.2 L \cdot s^{-1} \cdot m^{-1}$"判定水文地质类型为复杂；根据"矿井正常涌水量为$180 m^3/h$，最大涌水量为$360 m^3/h$"判定水文地质类型为简单、中等。按分类依据"就高不就低"的原则确定矿井水文地质类型，

(孔深小于5m)；无充填预裂爆破，不得小于300m。④二次爆破：炮眼爆破不得小于200m。题目中，露天煤矿在软岩中进行深孔（孔深8m）松动爆破，警戒线与爆破区边缘的安全警戒距离最小不应低于100m。

20. C 【解析】不稳定边坡治理工程的考虑顺序：①截住并排出不稳定边坡区的地表水，采取疏干措施，降低地下水水位，选项C正确；②采取削坡减载措施；③采取人工加固措施。

二、案例分析题

（一）

1. A 【解析】根据《防治煤与瓦斯突出细则》，有突出矿井的煤矿企业、突出矿井应当依据本细则，结合矿井开采条件，制定、实施区域和局部综合防突措施。区域综合防突措施包括：①区域突出危险性预测；②区域防突措施；③区域防突措施效果检验；④区域验证。局部综合防突措施包括：①工作面突出危险性预测；②工作面防突措施；③工作面防突措施效果检验；④安全防护措施。突出矿井应当加强区域和局部（简称两个"四位一体"）综合防突措施实施过程的安全管理和质量管控，确保质量可靠、过程可溯。

2. E 【解析】根据《防治煤与瓦斯突出细则》，突出煤层鉴定应当首先根据实际发生的瓦斯动力现象进行，瓦斯动力现象特征基本符合煤与瓦斯突出特征或者抛出煤的吨煤瓦斯涌出量大于或等于$30m^3$（或者为本区域煤层瓦斯含量2倍以上）的，应当确定为煤与瓦斯突出，该煤层为突出煤层。当根据瓦斯动力现象特征不能确定为突出，或者没有发生瓦斯动力现象时，应当根据实际测定的原始煤层瓦斯压力（相对压力）P、煤的坚固性系数f、煤的破坏类型、煤的瓦斯放散初速度Δp等突出危险性指标进行鉴定。当全部指标均符合煤层突出危险性鉴定指标表（见下表）中所列条件，或者钻孔施工过程中发生喷孔、顶钻等明显突出预兆的，应当鉴定为突出煤层。否则，煤层突出危险性应当由鉴定机构结合直接法测定的原始瓦斯含量等实际情况综合分析确定，但当$f\leq0.3$、$P\geq0.74MPa$，或者$0.3<f\leq0.5$、$P\geq1.0MPa$，或者$0.5<f\leq0.8$、$P\geq1.50MPa$，或者$P\geq2.0MPa$的，一般鉴定为突出煤层。

判定指标	原始煤层瓦斯压力（相对）P/MPa	煤的坚固性系数f	煤的破坏类型	煤的瓦斯放散初速度Δp
有突出危险的临界值及范围	≥0.74	≤0.5	Ⅲ、Ⅳ、Ⅴ	≥10

3. BC 【解析】根据《煤矿安全规程》，预抽区段煤层瓦斯区域防突措施的钻孔应当控制区段内整个回采区域、两侧回采巷道及其外侧如下范围内的煤层：倾斜、急倾斜煤层巷道上帮轮廓线外至少20m，下帮至少10m；其他煤层为巷道两侧轮廓线外至少各15m。以上所述的钻孔控制范围均为沿煤层层面方向。顺层钻孔预抽煤巷条带煤层瓦斯区域防突措施的钻孔，应当控制的煤巷条带前方长度不小于60m。钻孔预抽煤层瓦斯的有效抽采时间不得少于20天，如果在钻孔施工过程中发现有喷孔、顶钻或者卡钻等动力现象的，有效抽采时间不得少于60天。在煤巷掘进工作面第一次执行局部防突措施或者无措施超前距时，必须采取小直径钻孔排放瓦斯等防突措施，只有在工作面前方形成5m以上的安全屏障后，才可进入正常防突措施循环。

下消防管路系统应敷设到采掘工作面,每隔100m设置支管和阀门,但在带式输送机巷道中应每隔50m设置支管和阀门。地面的消防水池必须经常保持不少于200m³的水量。如果消防用水同生产、生活用水共用同一水池,应有确保消防用水的措施。

11. D 【解析】煤层注水可注性判定指标主要有原有水分(W)、孔隙率(n)、吸水率(δ)和坚固性系数(f)。当煤样测试结果同时满足$W \leq 4\%$、$n \geq 4\%$、$\delta \geq 1\%$和$f \geq 0.4$,则判定取样煤层为可注水煤层,否则判定为可不注水煤层。

12. A 【解析】撒布岩粉法是指定期向巷道周边撒布惰性岩粉,用它覆盖沉积在巷道周边上的沉积煤尘。岩粉层在巷道风速很低时,它的黏滞性起到了阻碍沉积煤尘重新飞扬的作用。当发生瓦斯爆炸等异常情况时,巨大的空气震荡风流把岩粉和沉积煤尘都吹扬起来,形成岩粉-煤尘混合尘云。当爆炸火场进入混合尘云区域时,岩粉吸收火焰的热量使系统冷却,同时岩粉粒子还会起到屏蔽作用,阻止火焰或燃烧的煤粒向未着的煤尘粒子传递热量,最终达到阻止煤尘着火的目的。

13. B 【解析】探放水措施应从上往下掘进排水,选项B正确。

14. D 【解析】冲积层水的突(透)水预兆:①突水部位发潮、滴水且滴水现象逐渐增大,仔细观察可以发现水中含有少量细砂;②发生局部冒顶,水量突增并出现流砂,流砂常呈间歇性,水色时清时浊,总的趋势是水量、砂量增加,直至流砂大量涌出;③顶板发生溃水、溃砂,这种现象可能影响到地表,致使地表出现塌陷坑。

15. D 【解析】根据《煤矿安全规程》,开采冲击地压煤层时,在应力集中区内不得布置2个工作面同时进行采掘作业。2个掘进工作面之间的距离小于150m时,采煤工作面与掘进工作面之间的距离小于350m时,2个采煤工作面之间的距离小于500m时,必须停止其中一个工作面。相邻矿井、相邻采区之间应当避免开采相互影响。

16. D 【解析】根据《煤矿安全规程》,从成束的电雷管中抽取单个电雷管时,不得手拉脚线硬拽管体,也不得手拉管体硬拽脚线,应当将成束的电雷管顺好,拉住前端脚线将电雷管抽出;抽出单个电雷管后,必须将其脚线扭结成短路,选项A错误。电雷管必须由药卷的顶部装入,严禁用电雷管代替竹、木棍扎眼,选项B错误。装药前,必须首先清除炮眼内的煤粉或者岩粉,再用木质或者竹质炮棍将药卷轻轻推入,不得冲撞或者捣实,炮眼内的各药卷必须彼此密接,选项C错误。

17. B 【解析】根据《煤矿安全规程》,井下各级配电电压和各种电气设备的额定电压等级,应当符合下列要求:①高压不超过10 000V;②低压不超过1 140V;③照明和手持式电气设备的供电额定电压不超过127V;④远距离控制线路的额定电压不超过36V;⑤采掘工作面用电设备电压超过3 300V时,必须制定专门的安全措施。

18. B 【解析】煤矿主要轨道运输斜巷安全装置除"一坡三挡"外,其上部车场必须装设阻车器。

19. B 【解析】根据《煤矿安全规程》,安全警戒距离应当符合下列要求:①抛掷爆破(孔深小于45m):爆破区正向不得小于1 000m,其余方向不得小于600m。②深孔松动爆破(孔深大于5m):距爆破区边缘,软岩不得小于100m、硬岩不得小于200m。③浅孔爆破

参考答案及解析

一、单项选择题

1. C 【解析】采用压入式通风的煤巷掘进工作面,全风压供给该处的风量必须大于局部通风机的吸入风量,即大于 $500m^3/min$,选项 C 符合题意。

2. C 【解析】掘进工作面与回采工作面之间为串联通风,按照最大风量核定,为 $1\,500m^3/min$,加上采区变电所需风量 $300m^3/min$ 和采区其他地点需风量 $400m^3/min$,该采区需风量至少应为: $1\,500+300+400=2\,200$ (m^3/min)。

3. A 【解析】矿井东翼通风风阻在矿井通风总风阻中占比大,增加东翼风量需降低东翼风阻,在其他参数不变时,井巷断面扩大 33%,风阻可减少 50%,井巷通过风量一定时,其通风阻力和能耗可减少一半。

4. D 【解析】根据《煤矿安全规程》,矿井必须建立测风制度,每 10 天进行 1 次全面测风。对采掘工作面和其他用风地点,应当根据实际需要随时测风,每次测风结果应当记录并写在测风地点的记录牌上。应根据测风结果采取措施,进行风量调节。

5. B 【解析】具备下列情形之一的矿井为高瓦斯矿井:①矿井相对瓦斯涌出量大于 $10m^3/t$;②矿井绝对瓦斯涌出量大于 $40m^3/min$;③矿井任一掘进工作面绝对瓦斯涌出量大于 $3m^3/min$;④矿井任一采煤工作面绝对瓦斯涌出量大于 $5m^3/min$。

6. D 【解析】煤矿瓦斯地质图法的特点是可以由此掌握瓦斯分布特征,总结瓦斯赋存规律,计算煤层甲烷(或二氧化碳)储量,开展瓦斯区域性预测。

7. D 【解析】安全防护措施是控制突出危害程度的措施,也就是说,即使发生突出,也要使突出强度降低,对现场人员进行保护,不致危及人身安全,如采取避难硐室、远距离爆破等措施,使用反向防突风门、压风自救装置、隔离式自救器等。

8. C 【解析】阻化剂防灭火:阻化剂是抑制煤氧结合、阻止煤氧化的化学药剂。阻化剂防灭火就是将阻化剂喷洒于煤壁、采空区或压注入煤体之内,以抑制或延缓煤炭的氧化,达到防止自燃的目的。目前所使用的阻化剂,多数为吸水性很强的无机盐类,如氯化钙、氯化镁、氯化锌等,它们附着在煤的表面时,能够吸收空气中的水分,在煤的表面形成含水的液膜,使煤体表面不与氧气接触,起到阻化的作用。同时,这些吸水性很强的盐类能使煤炭长期保持含水潮湿状态,水分的蒸发可吸收热量、降温,使煤体在低温氧化时的温度不能升高,从而抑制了煤的自热和自燃。由此可见,阻化剂防灭火实际上是进一步扩大和利用了"以水防火"的作用。

9. C 【解析】防止自燃火灾对开拓开采的要求是:提高采出率,减少煤柱和采空区遗煤,破坏煤炭自燃的物质基础;加快回采速度,回采后及时封闭采空区,缩短煤炭与空气接触的时间,减少漏风,消除自燃的供氧条件,破坏煤炭自燃的过程。

10. A 【解析】根据《煤矿安全规程》,矿井必须设地面消防水池和井下消防管路系统。井

2022年3月20日，矿山安全监察部门检查发现：①2301回风巷掘进工作面已施工至距离井田边界150m处，但未编制探放水设计和开展探测工作，未编制水害专项应急预案；②3月19日中班1301综采工作面正常生产过程中回风巷瓦斯浓度曾达到1.2%；③主水仓工作水泵未进行联合排水实验；④1301综采工作面上隅角CO传感器悬挂位置不当；⑤主运输皮带机温度监测装置失效；⑥2301运输巷掘进工作面个别锚杆预紧力不足；⑦支护工使用普通钻机进行探放水；⑧该矿与相邻的B煤矿有技术交流，凭图纸判断两煤矿不存在越界开采，未开展相关验证工作；⑨两个采区的回风巷直接串联，未设置专用回风巷。

针对上述问题和隐患，矿山安全监察部门责令限期整改，并建议A煤矿根据《煤矿智能化建设指南》（2021年版）要求，建立矿井水害预警系统。

根据以上场景，完成下列题目：（共26分）

1. 根据《生产安全事故统计调查制度》（应急〔2020〕93号），列出A煤矿可能发生的事故类型。
2. 根据《煤矿重大事故隐患判定标准》，指出A煤矿存在的重大事故隐患。
3. 根据《煤矿防治水细则》，指出A煤矿在防治水方面存在的问题。
4. 列出A煤矿水害应急专项预案应包括的内容。
5. 根据《煤矿智能化建设指南》（2021年版），简述A煤矿水害预警系统应具备的基本功能。

（四）

A煤矿为设计生产能力5Mt/a的新建矿井，地面平均标高+1 210m，开采水平标高+750m，煤层平均倾角5°。3#煤层和5#煤层为可采煤层，其中，3#煤层为当前开采煤层，平均厚度4.5m，煤层及顶板柱状图如图1所示。

该矿布置有一、二采区两个生产采区，一采区有1301综采工作面；二采区有2301运输巷和回风巷两个掘进工作面，均位于井田东部，与B煤矿相邻，采掘工程平面图如图2所示。

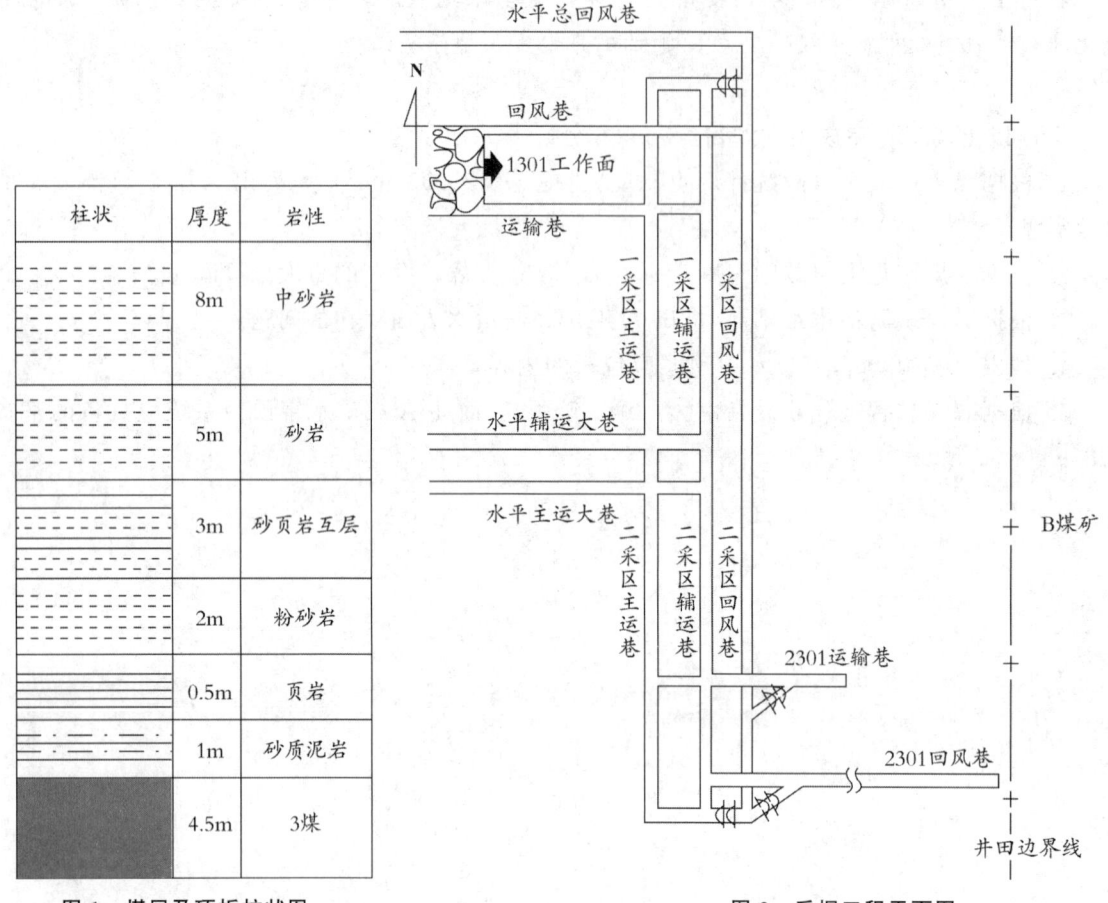

图1 煤层及顶板柱状图　　　　图2 采掘工程平面图

经鉴定，A煤矿为高瓦斯矿井，3#煤层为容易自燃煤层，5#煤层为自燃煤层，煤尘不具有爆炸性，未开展煤岩冲击倾向性鉴定。矿井正常涌水量600m³/h，最大涌水量1 300m³/h。B煤矿条件与A煤矿相似，2年前曾发生顶板透水淹没采区事故，并曾因越界开采被煤炭行业监管部门处罚。

A煤矿整体承包给M公司生产经营，并签订安全生产管理协议。煤矿五职矿长齐全，配有通风和机电两名副总工程师，设有生产技术科、机电科、安全科等管理部门，其中生产技术科仅有1名兼职人员负责防治水技术管理工作。M公司因人员暂时短缺，将煤巷掘进工程承包给N公司，并与其签订了安全生产管理协议，探放水工作由掘进队负责。

（三）

某煤矿为斜井开拓，开采 4# 煤层，煤层厚度为 7.28～9.45m，地质构造中等，煤尘具有爆炸危险性，自燃倾向性为自燃，4203 运输巷掘进工作面施工工艺采用综掘机沿底掘进、皮带运输机运输。支护方式为锚杆、金属网配合锚索和 T 型钢带，锚杆间排距为 920mm×1 000mm，每间隔一排布置两根锚索，锚索在距巷道上、下帮各 1m 处布置，锚索长度为 9.2m。

2021 年 6 月 10 日 9 点 30 分，当班班长发现，4203 运输巷掘进工作面迎头后方 60m 处设置的顶板离层监测仪读数变化超过 10cm，锚索测力计数据急剧增加，顶板淋水加大，下沉明显，出现多处裂缝，遂安排 3 人补打锚杆加强顶板支护，其他人员正常开展掘进作业。11 点 30 分，班长在巡视过程中听到一声巨响，发现 4203 运输巷皮带运输机停止运转，立即赶往 4203 运输巷掘进工作面迎头查看情况，行至距掘进工作面迎头约 65m 处，班长发现巷道大面积冒顶，立即向矿调度室电话汇报。该矿随即启动应急预案，组织开展救援工作，同时向当地应急管理部门进行了事故报告。

经事故调查，冒顶发生在 4203 运输巷掘进工作面迎头后方 50m 处，冒顶段长度约 15m。事故发生的原因包括：4203 运输巷布置在上部煤层区段煤柱下，冒顶及周边区域顶板发育有富水性较强的含水层，地质条件变化较大，掘进队未能及时调整支护方式。事故造成 2 人遇难，直接经济损失 300 万元。

根据以上场景，完成下列题目：（共 22 分）

1. 列出 4203 运输巷发生事故前可能出现的征兆。
2. 列出锚杆支护的三种作用机理。
3. 列出煤矿应向当地应急管理部门报告的事故内容。
4. 简述防止此类冒顶事故发生应采取的技术措施。

E. 煤体压力增大，煤块迸出

5. 右侧钻机施工出现顶钻、响煤炮现象时，跟班队长作出的"左右两侧的钻机交替作业"安排是错误的，下列跟班队长拟采取的处理措施中，正确的有（　　）。

A. 立即停止钻进，汇报矿调度室后，进行退钻处理

B. 加强通风以稀释异常涌出的瓦斯气体，预防瓦斯超限

C. 切断掘进巷道内的所有非本安型电气设备电源

D. 立即停止右侧钻机施工，左侧钻机正常钻进

E. 将人撤至反向风门以外的新鲜风流处

（二）

某煤矿设计生产能力 3.0Mt/a，单一水平生产，矿井含水层为孔隙、裂隙、岩溶含水层，补给条件良好，顶板砂砾岩层单位涌水量为 $1.2 \text{L} \cdot \text{s}^{-1} \cdot \text{m}^{-1}$，井田及周边老空水分布位置、范围、积水量清楚。矿井正常涌水量为 $180 \text{m}^3/\text{h}$，最大涌水量为 $360 \text{m}^3/\text{h}$。该矿遵循"预测预报、有疑必探、先探后掘、先治后采"的十六字防治水原则，实施了七项综合配套防治措施。

矿井中央排水系统配有：工作水泵 1 台，型号为 MD280-65×9；备用水泵 2 台，型号为 MD155-67×8；ϕ219mm 排水管路 2 趟，ϕ273mm 排水管路 1 趟；主副水仓各 1 个，主水仓容量 776m^3，副水仓容量 467m^3，水仓总容量为 $1\,243 \text{m}^3$。2021 年 4 月矿井联合排水试验报告显示：MD280-65×9 型水泵的排水能力为 $220 \text{m}^3/\text{h}$，2 台 MD155-67×8 型水泵排水能力均为 $110 \text{m}^3/\text{h}$，MD280-65×9 型水泵和 2 台 MD155-67×8 型水泵的联合排水能力为 $420 \text{m}^3/\text{h}$。

2021 年 8 月，当地煤矿安全监管部门检查发现：该煤矿最近的水文地质类型划分报告编制时间为 2017 年 5 月，报告修订明显不及时，且在防治水管理方面制度不健全，只建立了水害防治岗位责任制、水害防治技术管理制度和水害预测预报制度。

根据以上场景，完成下列题目：（共 22 分）

1. 根据《煤矿防治水细则》，补充该矿应建立的其他四项防治水制度。
2. 判断该矿水文地质类型，并说明依据。
3. 根据《煤矿防治水细则》，列出该矿七项防治水综合配套措施。
4. 计算并判断该矿水泵排水能力是否符合要求。

施工第 16 个排放钻孔时，现场打钻工人听到掘进工作面连续发出啪啪响声，随即丢下钻机向外跑；紧接着掘进工作面发生了煤与瓦斯突出事故，1 人因撤离不及时死亡。安全监控系统显示，3103 运输巷掘进工作面瓦斯涌出量瞬间增加，瓦斯浓度超过 60%。现场抛出了大量煤炭并伴有少量岩石，抛出距离达 43.6m，堆积角度小于自然安息角；掘进工作面正前方出现深约 6m 的孔洞。经计算，本次事故突出煤量为 204t、瓦斯量为 $1.62×10^4 m^3$。

事故调查发现：事故地点位于向斜构造轴部，且邻近落差 6m 的正断层、煤层存在厚度约 0.6m 的软分层，煤的破坏类型为Ⅲ类。专项防突措施实施过程中，顺层钻孔预抽时间为 12 天，顺层预抽钻孔控制煤巷条带前方长度为 50m。

根据以上场景，完成下列题目：（共 10 分，每题 2 分，1 至 2 题为单项选择题，3 至 5 题为多项选择题）

1. 该矿制定的煤层瓦斯区域"四位一体"专项防突措施应包括（　　）。
A. 突出危险性预测，防突措施，防突措施效果检验，区域验证
B. 突出危险性预测，防突措施，防突措施效果检验，区域安全防护
C. 突出危险性鉴定，突出危险性预测，防突措施，区域验证
D. 突出危险性鉴定，突出危险性预测，防突措施，区域安全防护
E. 突出危险性评估，突出危险性预测，防突措施，区域安全防护

2. 根据《防治煤与瓦斯突出细则》中的煤层突出危险性鉴定指标，该矿 $3^\#$ 煤层被鉴定为突出煤层，瓦斯压力 P 和煤的坚固性系数 f 可能的组合是（　　）。
A. $P=0.6$MPa，$f=1.4$　　　　　　B. $P=0.5$MPa，$f=1.1$
C. $P=0.9$MPa，$f=0.9$　　　　　　D. $P=1.0$MPa，$f=0.6$
E. $P=0.8$MPa，$f=0.3$

3. 根据"区域综合防突措施先行、局部综合防突措施补充"的原则，下列关于该矿防突措施的说法，正确的有（　　）。
A. 采用顺层钻孔预抽煤巷条带煤层作为瓦斯区域防突措施时，有效抽采时间不得少于 15 天
B. 顺层钻孔预抽煤巷条带煤层瓦斯区域防突措施的钻孔，应当控制煤巷条带前方长度不小于 60m
C. 防突措施实施循环过程中，瓦斯排放钻孔超前于掘进工作面的距离不得小于 5m
D. 超前钻孔最小控制范围为掘进工作面巷道两侧轮廓线外上帮 3m、下帮 7m
E. 煤层赋存状态发生变化时，应当及时探明情况并重新确定超前钻孔的参数

4. 煤与瓦斯突出是地应力、瓦斯和煤的物理力学性质综合作用的结果，煤与瓦斯突出前往往出现一些明显预兆。3103 掘进工作面还可能出现的煤与瓦斯突出的预兆包括（　　）。
A. 煤层（包括软分层）变厚　　　　B. 煤层顶板变硬
C. 工作面气温降低　　　　　　　　D. 煤体由湿变干，光泽黯淡

16. 为防止爆破作业过程中发生雷管或炸药意外爆炸，必须严格遵守《煤矿安全规程》相关规定。下列制作起爆药卷和装药操作中，正确的是（　　）。
   A. 从成束的电雷管中手拉管体拽出单个电雷管
   B. 用电雷管扎眼，并由药卷的顶部装入
   C. 用木质或竹质炮棍将药卷推入炮孔并捣实
   D. 将炮眼内的各药卷彼此密接

17. 井下各级配电电压和各种电气设备的额定电压等级，应符合《煤矿安全规程》相关规定，其中煤矿井下手持式电气设备的供电额定电压不应超过（　　）。
   A. 36V   B. 127V
   C. 220V   D. 660V

18. 某煤矿井下辅助运输采用轨道运输，轨道运输上山长度为800m。为防止发生轨道运输斜巷跑车事故，应在轨道运输上山上部平车场中设置的安全装置是（　　）。
   A. 捕车器   B. 阻车器
   C. 安全门   D. 保险绳

19. 某露天煤矿在软岩中进行松动爆破，孔深8m，按要求指定了安全警戒负责人并确定了警戒范围。根据《煤矿安全规程》，警戒线与爆破区边缘的安全警戒距离最小不应低于（　　）。
   A. 50m   B. 100m
   C. 150m   D. 200m

20. 露天煤矿岩土体在重力作用下，沿软弱结构面产生的整体滑动称为滑坡。为防止发生滑坡事故，下列采取的措施中，正确的是（　　）。
   A. 坡顶适当增加堆积物   B. 坡体下部施工钻孔灌入黄泥
   C. 坡顶施工截水沟   D. 坡体中深孔注水

二、**案例分析题**〔共80分。案例（一）为客观题，包括单项选择题和多项选择题，案例（二）至（四）为主观题。单项选择题每题的备选项中只有1个最符合题意，多项选择题每题的备选项中有2个或2个以上符合题意。错选多选，本题不得分；少选，所选的每个选项得0.5分〕

（一）

某矿$3^\#$煤层为主要开采煤层，煤层倾角为$7°\sim18°$，煤层瓦斯含量为$11.35m^3/t$，经测定煤的坚固性系数f和煤层瓦斯压力P，直接鉴定为煤与瓦斯突出煤层。为了确保安全，该矿制定了"井下顺层钻孔预抽煤层瓦斯区域防突措施和超前钻孔排放瓦斯局部防突措施"相结合的两个"四位一体"专项防突措施，指导采掘作业。

综掘二队承担了3103工作面运输巷掘进任务。2017年5月8日早班，综掘二队出勤16人，其中6人负责日常维修工作，10人负责施工超前瓦斯排放钻孔。在掘进工作面共设计超前排放钻孔30个，使用2台手持式风动钻机在巷道左右两侧同时施工。在右侧钻机施工过程中，出现了顶钻、响煤炮等突出预兆，跟班队长随即要求左右两侧的钻机交替作业；

8. 某开采容易自燃煤层的矿井，采煤工作面回采完毕设备回撤时，为防止自燃事故，该矿采取了向采空区遗煤喷洒氯化镁溶剂的措施，其防灭火原理是（　　）。
   A. 降低煤层自燃倾向性
   B. 消除采空区漏风，降低氧气的供应量
   C. 形成液膜减少煤与空气的接触
   D. 与煤发生反应，生成阻燃物质

9. 某矿井在隐患排查治理过程中，发现正在开采的2112回采工作面采空区存在较大漏风，已造成采空区自燃。该拟采取的下列灭火措施中，效果最好的是（　　）。
   A. 向采空区撒布岩粉 B. 增加工作面风量
   C. 采后封闭灌浆 D. 向采空区注入二氧化碳

10. 矿井必须设地面消防水池和井下消防管路系统，消防管路每隔一定距离需设置支管及阀门，在带式输送机巷道内设置支管及阀门的间隔距离不应超过（　　）。
    A. 50m B. 100m
    C. 150m D. 200m

11. 煤矿实施煤层注水防尘措施前，需测定相关参数判断煤层注水可注性。下列煤或煤层的特征和特性参数中，可用于判断煤层注水可注性指标的是（　　）。
    A. 煤层瓦斯压力 B. 煤的挥发分
    C. 煤的密度 D. 煤的坚固性系数

12. 定期向煤巷周边撒布惰性岩粉，不仅能抑制沉积煤尘飞扬，还能降低煤尘爆炸的危害程度。惰性岩粉对煤尘爆炸产生的高温火焰所起的作用是（　　）。
    A. 冷却和屏蔽 B. 散热和辐射
    B. 传导和对流 D. 吸收和传递

13. 某煤矿第二水平运输大巷设计布置在9#煤层中，地质勘查报告显示，计划施工区域有一个水压为3.8MPa导水性岩溶陷落柱，在制定的钻探探放水措施中，岩溶陷落柱探放水钻孔地点布置正确的是（　　）。
    A. 布置在9#煤层 B. 布置在9#煤层顶板岩层
    C. 布置在9#煤层底板岩层 D. 布置在9#煤层下邻近煤层

14. 某矿井煤层呈近水平分布，地质构造简单，水文地质类型复杂。2022年5月，该矿曾发生一起冲积层透水事故，在本次事故发生前可能出现的透水征兆是（　　）。
    A. 涌水出现臭鸡蛋味 B. 底板大面积底鼓
    C. 先突出黄泥水后突出岩石碎屑 D. 水量突增并出现流砂

15. 某大型生产矿井的5#煤层具有冲击危险，根据《煤矿安全规程》，该煤层同时生产的2个采煤工作面之间的距离不应小于（　　）。
    A. 150m B. 250m
    C. 350m D. 500m

一、单项选择题（共20题，每题1分。每题的备选项中，只有1个最符合题意）

1. 某煤巷掘进工作面采用压入式通风，需风量为 400m³/min，局部通风机所在的煤层巷道断面积为 10m²，局部通风机吸入风量为 500m³/min，为保证正常通风，局部通风机所在巷道配风量至少应为（　）。
   A. 400m³/min
   B. 500m³/min
   C. 550m³/min
   D. 650m³/min

2. 某低瓦斯矿井一采区内有1个回采工作面、1个掘进工作面和1个采区变电所，需风量分别为 1 500m³/min、600m³/min、300m³/min。掘进工作面与回采工作面之间为串联通风，采区其他地点需风量为 400m³/min，为保证采区正常通风，该采区需风量至少应为（　）。
   A. 2 800m³/min
   B. 2 500m³/min
   C. 2 200m³/min
   D. 1 900m³/min

3. 某两翼开采的生产矿井采用中央并列式通风，矿井东翼通风风阻在矿井通风总风阻中占比大，因矿井生产布局调整，需要增加东翼风量。下列风量调节措施中，正确的是（　）。
   A. 扩大东翼总回风巷断面
   B. 清理西翼总回风巷障碍物
   C. 东翼增设调节风门
   D. 扩大西翼进风巷断面

4. 某生产矿井建立了矿井测风制度，对全矿井定期全面测风。根据《煤矿安全规程》，该矿回采工作面的测风周期是（　）。
   A. 10 天
   B. 15 天
   C. 20 天
   D. 根据需要随时测风

5. 某生产矿井年产量为 $90×10^4$ 吨，矿井绝对瓦斯涌出量为 25m³/min。采煤工作面回风巷风量为 700m³/min，回风流瓦斯浓度为 0.8%；掘进工作面供风量为 300m³/min，回风流瓦斯浓度为 0.6%。根据上述信息判定，该矿井瓦斯等级是（　）。
   A. 突出矿井
   B. 高瓦斯矿井
   C. 高突矿井
   D. 低瓦斯矿井

6. 某生产矿井开采深度在瓦斯风化带以下，第一水平开采过程中对各生产工作面的瓦斯涌出量进行了全面实测，经分析确认，煤层相对瓦斯涌出量与开采深度呈线性规律，矿井依此规律预测了第二水平瓦斯涌出量。这种预测方法是（　）。
   A. 分源预测法
   B. 统计分析法
   C. 地质类比法
   D. 瓦斯地质图法

7. 为防止煤与瓦斯突出事故的发生与灾害范围的扩大，矿井应采取"四位一体"的综合防突措施。下列措施中，属于煤与瓦斯突出安全防护措施的是（　）。
   A. 工作面施工排放瓦斯钻孔
   B. 穿戴防冲工作服
   C. 松动爆破消除突出
   D. 设置防突反向风门

考生注意事项

1. 答题前,考生须在试题册指定位置上填写工作单位、考生姓名和准考证号;在答题卡指定位置上填写考生姓名和准考证号,并涂写准考证号信息点。

2. 选择题的答案必须涂写在答题卡相应题号的选项上,非选择题的答案必须书写在答题卡指定位置的边框区域内。超出答题区域书写的答案无效;在草稿纸、试题册上答题无效。

3. 填(书)写部分必须使用黑色字迹签字笔或者钢笔书写,字迹工整、笔迹清楚;涂写部分必须使用2B铅笔填涂。

4. 考试结束,将答题卡和试题册按规定交回。

2022 年全国中级注册安全工程师职业资格考试

安全生产专业实务（煤矿安全）

准考证号：

考生姓名：

工作单位：

免费兑换 备考课程

(3) 自然发火观测点、封闭火区防火墙栅栏外。

(4) 采区回风巷、总回风巷。

2. 3#煤层二采区封闭火区不能启封。

理由：该封闭火区空气温度稳定在25℃，低于30℃；出水温度稳定在20℃，与该区发火之前温度相同；氧气浓度稳定在4.5%，低于5%；一氧化碳浓度稳定在0.002%，高于0.001%，并出现了乙烯（乙烯浓度稳定在0.000 1%）。

3. 3210综采工作面防治自然发火应配备的防灭火设施装备有消防管路系统、防火门、消防材料库和消防器材。

4. 3210综采工作面宜采用的预防性灌浆方法：随采随灌，即随着采煤工作面的推进同时向采空区灌注泥浆。其目的和作用：一是防止采空区遗煤自燃；二是胶结冒落的矸石，形成再生顶板而为下分层开采创造条件。对于开采自然发火期较短的厚煤层，随采随灌是一项必须采取的防火措施，其灌浆方法根据采区布置方式、顶板冒落情况的不同而多种多样，如埋管灌浆、插管灌浆、洒浆等。

5. 可能采用增加工作面风量的情形包括：

(1) 火区内或其回风流中瓦斯浓度升高时。

(2) 火区内出现火风压，呈现风流可能发生逆转现象时。

(3) 在处理火灾过程中发生瓦斯爆炸后，灾区内遇险人员未撤出时。

风机未配备安装同等能力的备用局部通风机。

(2) 未按规定进行风电闭锁和甲烷电闭锁试验、局部通风机与备用局部通风机自动切换试验。

(3) 电工违规作业，不进行工作交接，中班人员进入作业地点未进行安全确认即送电开始掘进作业。

(4) 日常安全管理混乱，安全培训不到位，员工安全意识淡薄。

（三）

1. 该煤矿2023年1月份安全生产费用提取不符合要求。

   理由：根据《企业安全生产费用提取和使用管理办法》（财资〔2022〕136号），煤炭生产企业依据当月开采的原煤产量，于月末提取企业安全生产费用，1月生产原煤18万吨，该煤矿为煤与瓦斯突出矿井，提取标准为50元/吨，所以该煤矿1月安全生产费用应提取900万元。

2. 该煤矿安全生产费用还可用于的其他支出项包括：

   (1) 安全风险分级管控和事故隐患排查整改支出，安全生产信息化建设、运维和网络安全支出。

   (2) 标准化建设支出。

   (3) 安全生产宣传、教育、培训和从业人员发现并报告事故隐患的奖励支出。

   (4) 安全生产适用新技术、新标准、新工艺、煤矿智能装备及煤矿机器人等新装备的推广应用支出。

   (5) 安全生产责任保险支出。

   (6) 与安全生产直接相关的其他支出。

3. 根据《国务院安委会办公室关于实施遏制重特大事故工作指南构建双重预防机制的意见》（安委办〔2016〕11号），红、橙、黄、蓝四色代表的安全风险等级分别为重大风险、较大风险、一般风险和低风险。

4. 该煤矿瓦斯在地质方面应普查的隐蔽致灾因素包括：

   (1) 查明煤矿和周边已知采空区、老巷瓦斯情况，包括瓦斯浓度及变化规律。

   (2) 查明煤矿断层、褶曲等地质构造对瓦斯赋存、涌出的影响，初步查明主要构造区域瓦斯涌出情况和涌出量变化规律。

   (3) 查明煤层厚度、变化规律、煤质、瓦斯含量、压力及赋存状况，系统收集煤矿所有的瓦斯资料和地质资料，并编制瓦斯地质图。

   (4) 对煤矿瓦斯赋存情况进行分区，掌握矿区及矿井瓦斯富集区，并按规定测定与突出危险性相关的参数、开展瓦斯防突预测预报工作。

（四）

1. 该煤矿应安装一氧化碳传感器的位置：

   (1) 采煤工作面回风巷、工作面回风隅角。

   (2) 带式输送机滚筒下风侧10~15m处。

气设备前，必须切断电源，检查瓦斯。瓦斯浓度低于1.0%时，方可按照开盖、验电、放电、再检测、修理的步骤进行，且悬挂警示牌在闭锁之后，选项C正确。

2. C 【解析】KXJ127（A）可编程控制箱（外壳印有ExdibI）："Ex"表示防爆，"d"表示隔爆型，"ib"是本安防爆型，"I"表示Ⅰ类为煤矿井下用电气设备。

3. BD 【解析】案例背景中，运输上山坡度为26°，不可使用可摘挂抱索器，选项A错误，选项B正确。除配备的专用货物吊篮外，严禁使用架空乘人装置的吊椅吊挂运送物品，选项C错误。架空乘人装置运行的速度规定见下表（单位：m/s），选项D正确。吊椅中心至巷道一侧突出部分的距离不得小于0.7m，选项E错误。

巷道坡度 θ	28°≥θ>25°	25°≥θ>20°	20°≥θ>14°	θ≤14°
固定抱索器	≤0.8		≤1.2	
可摘挂抱索器	—	≤1.2	≤1.4	≤1.7

4. ABC 【解析】井下各级配电电压和各种电气设备的额定电压等级，应当符合下列要求：①高压不超过10 000V。采煤机供电电压3.45kV，为高压，选项A正确；综掘机供电电压1.2kV，选项B正确；刮板机、转载机供电电压1.2kV，为高压，选项D、E错误。②低压不超过1 140V。皮带输送机660V，为低压，选项C正确。③照明和手持式电气设备的供电额定电压不超过127V。④远距离控制线路的额定电压不超过36V。⑤采掘工作面用电设备电压超过3 300V时，必须制定专门的安全措施。

5. ACE 【解析】事故的直接原因包括：①物的原因，是指由设备不良所引起，也称物的不安全状态。所谓物的不安全状态，是使事故能发生的不安全的物体条件或物质条件。②环境原因，是指由环境不良所引起。③人的原因，是指由人的不安全行为所引起。所谓人的不安全行为，是指违反安全规则和安全操作原则，使事故有可能或有机会发生的行为。选项A属于馈电开关处在不安全状态；选项C、E属于人的不安全行为。

（二）

1. B煤矿为高瓦斯矿井。

理由：该矿井绝对瓦斯涌出量23.1m³/min，相对瓦斯涌出量13.7m³/t，矿井相对瓦斯涌出量大于10m³/t，符合高瓦斯矿井判定标准。

2. B煤矿事故发生的直接原因：

(1) 掘进工作面局部通风机损坏未及时修复。

(2) 通风不及时造成瓦斯浓度超标。

(3) 瓦斯检查员配备不足，瓦斯浓度检测不及时。

(4) 跟班电工违规操作，造成失爆。

3. B煤矿主要通风机性能鉴定内容包括通风机的风量、风压、转速、输入功率和转数，并计算通风机的效率，然后绘出通风机实际转运特性曲线。

4. B煤矿安全生产存在的问题：

(1) 未严格执行瓦斯检查制度，局部通风机未由指定人员负责管理、正常工作的局部通

确；均压通风加强了密闭区的气密性，减少了采空区的漏风，从而加速了密闭区（或采空区）空气的惰化；工程量小、投资少、见效快。

14. B 【解析】根据《煤矿安全规程》，采掘工作面的进风流中，氧气浓度不低于20%，二氧化碳浓度不超过0.5%。矿井有害气体最高允许浓度见下表，选项B正确。

有害气体名称	符号	最高允许浓度
一氧化碳	CO	0.002 4%
氧化氮（换算成二氧化氮）	NO_2	0.000 25%
二氧化硫	SO_2	0.000 5%
硫化氢	H_2S	0.000 66%
氨	NH_3	0.004%

15. A 【解析】掘进中的岩巷最低风速不得低于0.15m/s，选项A错误。

16. C 【解析】直接法测定：煤层瓦斯压力矿井在无通风机工作或通风机停止运转时，在总回风流的适当地点设置临时隔断风流的密闭，将矿井风流严密遮断，而后用压差计测出密闭两侧的静压差，该静压差便是矿井的自然风压值。所以，直接法测定煤层瓦斯压力的关键因素是测压钻孔位置。

17. A 【解析】根据《煤矿安全规程》，发生拒爆和熄爆时，应当分析原因，采取措施，并遵守下列规定：①在危险区边界设警戒，严禁非作业人员进入警戒区，选项C错误；②因地面网路连接错误或者地面网路断爆出现拒爆，可以再次连线起爆，选项A正确，选项D错误；③严禁在原钻孔位钻孔，必须在距拒爆孔10倍孔径处重新钻与原孔同样的炮孔装药爆破，选项B错误；④上述方法不能处理时，应当报告矿调度室，并指定专业人员研究处理。

18. D 【解析】输送带与滚筒打滑时，严禁在输送带与滚筒间楔木板和缠绕杂物，选项D错误。

19. B 【解析】根据《煤矿安全规程》，各类建（构）筑物地面质点的安全振动速度不应超过以下数值：①重要工业厂房，0.4cm/s。②土窑洞、土坯房、毛石房，1.0cm/s，选项A错误。③一般砖房、非抗震的大型砌块建筑物，2～3cm/s，选项C、D错误。④钢筋混凝土框架房屋，5cm/s，选项B正确。⑤水工隧道，10cm/s。⑥交通涵洞，15cm/s。⑦围岩不稳定有良好支护的矿山巷道，10cm/s；围岩中等稳定有良好支护的矿山巷道，15cm/s；围岩稳定无支护的矿山巷道，20cm/s。

20. B 【解析】发生水灾后，如果不能及时撤出矿井，应该往井下最高巷道方向撤离，尽可能寻找到可以食用的物质，在万不得已的时候食用，切忌盲目跳入水中企图潜水或顺水逃生，选项B错误。

二、案例分析题

（一）

1. C 【解析】井下不得带电检测、修理、搬迁电气设备、拖动电缆。检测、修理或搬迁电

取变通手段,即先进风后回风,或者先回风后进风,选项C正确。

6. D 【解析】PN结温度传感器的安装方式分为3种:一是安装在各滚筒的表面附近、滚筒表面法向距离3mm处,主要用于监测主动滚筒、压紧滚筒表面的温度变化,探测由输送带卡死、滚筒打滑等引起的火灾,选项A、B错误。二是安装在托辊的轴上,主要用于监测托辊的温度变化,探测由托辊卡死后与输送带摩擦等引起的火灾,选项C错误。三是安装在带式输送机巷道的风流中,主要用于监测环境温度的变化,以消除日温差和季节温差造成的影响,选项D正确。

7. A 【解析】粉尘分散度测定主要有滤膜溶解涂片法和自然沉降法,选项A正确。滤膜采样测尘法是测定矿井粉尘浓度的主要方法,选项B错误。焦磷酸质量法与红外分光分析法是用来测定粉尘中游离二氧化硅含量的主要方法,选项C、D错误。

8. A 【解析】被动式隔爆技术的作用原理决定了该技术措施只能在距爆源60~200m(岩粉棚300m)范围内发挥抑制爆炸的作用,在爆炸发生初期该技术是无效的,选项A正确,选项B错误。此外,在低矮、狭窄和拐弯多的巷道中使用该技术也极其不利,不能发挥抑爆作用,选项C、D错误。

9. D 【解析】工作面底板灰岩含水层突水预兆:①工作面压力增大,底板鼓起,底鼓量有时可达500mm以上;②工作面底板产生裂隙,并逐渐增大;③沿裂隙或煤帮向外渗水,随着裂隙的增大,水量增加,当底板渗水量增大到一定程度时,煤帮渗水可能停止,此时水色时清时浊,底板活动使水变浑浊,底板稳定使水色变清;④底板破裂,沿裂隙有高压水喷出,并伴有"嘶嘶"声或刺耳水声;⑤底板发生"底爆",伴有巨响,地下水大量涌出,水色呈乳白色或黄色。

10. B 【解析】U型钢金属支护主要用于曲线形巷道支护,常用拱形可缩性支架。其关键部件为可缩性连接件,既决定支架的可缩性能,又影响支架的工作阻力。工字钢金属支护主要用于折线形巷道支护,尤其是梯形断面巷道的支护。

11. C 【解析】钻孔设备履带边缘与坡顶线的安全距离见下表,选项C正确。

台阶高度/m	<4	4~10	10~15	≥15
安全距离/m	1~2	2~2.5	2.5~3.5	3.5~6

12. B 【解析】当基底坡度较陡,接近或大于排土场物料的内摩擦角时,易产生沿基底接触面的滑坡,选项A错误。如果基底为软弱岩层而且力学性质低于排土场物料的力学性质时,则软弱基底在排土场荷载作用下必产生底鼓或滑动,然后导致排土场滑坡,选项B正确。当基底稳定时,坚硬岩石的排土场高度等于其自然安息角条件下可以达到的任意高度,但往往受排土场内物料构成的不均匀性和外部荷载的影响,使得排土高度受到限制,选项C错误。排土场堆置的岩土力学属性受重力密度、块度组成、黏结力、内摩擦角、含水量及垂直荷载等影响,选项D错误。

13. A 【解析】实践证明,均压防灭火技术与其他防灭火措施(阻化剂、灌浆、惰气、密闭等)相比具有以下特点:可以在不影响工作面生产的前提下实施及采用,选项A正

参考答案及解析

一、单项选择题

1. B 【解析】矿井瓦斯等级低，煤层自然发火性小，但山峦起伏，无法开掘总回风道，且地面小窑塌陷区严重，煤层露头多的新建矿井，适宜采用分区对角压入式通风，选项 A 错误。煤层倾角大、埋藏深，但走向长度不大（小于 4km），而且瓦斯不大、自然发火不严重，地表又无煤层露头的新建矿井，采用中央并列式通风比较合理，选项 B 正确。煤层倾角较小、埋藏较浅，走向长度不大，而且瓦斯大、自然发火比较严重的新建矿井，适宜采用中央边界式通风，选项 C 错误。煤层埋藏深，井田规模大，瓦斯较大，煤层较多的老矿井，可采用混合式通风，选项 D 错误。

2. A 【解析】并联网络的总风量等于并联各分支风量之和，选项 A 正确。并联网络的总风压等于任一并联分支的风压，选项 B 错误。串联风网的总等积孔和分等积孔的关系为：

$$A_{串} = \frac{1}{\sqrt{\frac{1}{A_1^2} + \frac{1}{A_2^2} + \cdots + \frac{1}{A_n^2}}}$$

，选项 C 错误。对角巷道中风流方向是不稳定的，对角巷道中风流的变化取决于各邻近巷道风阻值的比例，这就是角联的特性，选项 D 错误。

3. C 【解析】增加风阻调节法的优点：简便易行，工程费用少。但它增加了矿井风阻，矿井总风量要减少，致使被调节的并联风路中，一风路减少的风量，超过另一风路增加的风量。因此，这种方法只适用于在服务年限不长，调节地区的总风阻占矿井总风阻的比重不大的采区中进行风批调节，选项 A 错误。对于矿井主要风路，特别是在阻力搭配不均的矿井两翼调风，则应尽量避免采用；否则，不但不能收到预期效果，还会使全矿通风恶化，选项 B 错误。降低风阻调节法的优点：减少了矿井总风阻，增加了矿井总风量，调风效果显著，和增加风阻调节法相比，主要通风机通风电费较低。但扩大巷道断面或修复旧巷甚至另开并联巷道，工程量较大，耗费也多，施工时间较长，选项 C 正确，选项 D 错误。

4. D 【解析】若为全矿井阻力测定，则首先选择风路最长、风量最大的干线为主要测量路线，选项 A 错误。在并联风路中，只沿一条路线测量风压，因为并联风路中各分支的风压相等，选项 B 错误。测点应尽可能避免靠近井筒和主要风门，以减少井筒提升和风门开启时的影响，选项 C 错误。井底车场可以简化为 1 个测点，选项 D 正确。

5. C 【解析】当防治火灾的措施失败或因火势迅猛来不及采取直接灭火措施时，就需要及时封闭火区，防止火灾势态扩大。火区封闭的范围越小，维持燃烧的氧气越少，火区熄灭也就越快，因此火区封闭要尽可能地缩小范围，并尽可能地减少防火墙的数量，选项 A、D 错误。一般是先封闭对火区影响不大的次要风路的巷道，然后封闭火区的主要进回风巷道，选项 B 错误。关于火区封闭的顺序，通常都是进、回风同时封闭，条件不允许时则采

（四）

D煤矿井田面积为17.9km²，矿井核定生产能力为3.0Mt/a，采用平硐、斜井联合开拓，有2#、3#两个可采煤层，均为容易自燃煤层，平均厚度分别为3.5m、6.8m，2#煤层与3#煤层间距20m，矿井属于低瓦斯矿井，煤尘具有爆炸性。矿井划分为两水平两翼式开采，中央并列式通风。目前只开采二水平东翼3#煤层二采区，布置有3210综采工作面，另有一处封闭火区。该水平正常气温为22~24℃，正常水温为18~20℃。近2个月来，该煤矿开展了多次封闭火区观测，火区空气温度稳定在25℃，出水温度稳定在20℃，一氧化碳浓度稳定在0.002%，乙烯浓度稳定在0.0001%，氧气浓度稳定在4.5%。

3210综采工作面采用放顶煤开采，工作面斜长210m、割煤高度3.0m，工作面走向长度3590m，采用带式输送机运输煤炭、无轨防爆胶轮车运送人员和物料，工作面上部有2#煤层采空区。

2019年8月10日，3210综采工作面开始回采。9月20日，综采工作面两巷压力变大出现底鼓现象，距工作面端头80m处，回风巷有30m底鼓严重，工作面推进速度缓慢。9月23日早班，综采队安排8人在3210综采工作面回风巷拉底。11：10工作面瓦检员检测到工作面回风隅角一氧化碳浓度达97ppm，经进一步检查发现，距工作面回风隅角75m处顶板较大面积冒落，一氧化碳浓度达115ppm，瓦斯浓度为0.37%。瓦检员立即向调度室和带班领导进行了汇报。带班领导安排回风巷拉底作业人员立即撤离作业现场。11：30根据矿应急救援领导小组安排，工作人员采取了向冒落处煤层注水灭火、在工作面进风隅角设置风障、适当增加工作面风量等措施，以降低工作面一氧化碳浓度和瓦斯浓度。13：20工作面着火点处理完毕，一氧化碳浓度逐渐降低到允许值以下。

根据以上场景，完成下列题目：（共26分）

1. 列出该煤矿应安装一氧化碳传感器的位置。
2. 判断3#煤层二采区封闭火区能否启封，并说明理由。
3. 列出3210综采工作面防治自然发火应配备的防灭火设施装备。
4. 列出3210综采工作面宜采用的预防性灌浆方法。
5. 若3210综采工作面火灾进一步发展，列出可能采用增加工作面风量的情形。

指南构建双重预防机制的意见》的要求，组织了安全风险辨识工作；②对辨识出的安全风险进行评估分级，绘制了矿井"红、橙、黄、蓝"四色安全风险空间分布图。

三是隐蔽致灾因素普查。全面普查了煤层厚度变化及分层特征，顶板厚硬岩层、煤层顶板岩层结构与力学性能、巷道顶底板岩层分布与力学参数，地表河流、水体、地下含水体、导水裂缝带，煤层自燃倾向性、井下火区（高温异常区），古河床冲刷带、煤层风氧化带、火烧区、天窗等不良地质体，井田内油气井，可采煤层及顶底板岩层冲击倾向性、地层应力集中区、上覆遗留煤柱等情况。

根据以上场景，完成下列题目：（共22分）

1. 根据《企业安全生产费用提取和使用管理办法》（财资〔2022〕136号），判断该煤矿2023年1月份安全生产费用提取是否符合要求，并说明理由。

2. 根据《企业安全生产费用提取和使用管理办法》（财资〔2022〕136号），列出该煤矿安全生产费用还可用于的其他支出项。

3. 根据《国务院安委会办公室关于实施遏制重特大事故工作指南构建双重预防机制的意见》（安委办〔2016〕11号），指出"红、橙、黄、蓝"四色所代表的安全风险等级。

4. 根据《国家矿山安全监察局关于全面开展煤矿隐蔽致灾因素普查治理工作的通知》（矿安〔2021〕121号），列出该煤矿瓦斯在地质方面应普查的隐蔽致灾因素。

安排任务为继续正常掘进，中班人员进入作业地点未进行安全确认即送电开始掘进作业。16：30机电区将局部通风机运至掘进工作面风机安装地点，接电发现更换后的局部通风机不能正常运转。18：00左右该工作面发生爆炸事故，掘进工作面9人全部遇难，装载机被掀翻，耙斗装载机开关烧焦，电缆信号被扯断，装载机、开关及巷道壁上无煤尘焦疤。经查验瓦斯监测记录，掘进工作面事故前瓦斯浓度达到6%。

根据以上场景，完成下列题目：（共22分）
1. 判断B煤矿的瓦斯等级并说明理由。
2. 分析B煤矿事故发生的直接原因。
3. 列出B煤矿主要通风机性能鉴定内容。
4. 简述B煤矿安全生产存在的问题。

（三）

C煤矿为煤与瓦斯突出矿井，水文地质类型中等。设计生产能力1.8Mt/a，2015年核定生产能力2.4Mt/a。井田面积8.69km²，东西长2.95～3.54km，南北宽1.85～3.30km。7#煤层为全井田可采煤层，煤的自燃倾向性为自燃，煤尘爆炸指数为26%～37%，有爆炸危险。所有煤层及顶底板均无冲击倾向性。井田内无小窑开采，但井田南部边界与小窑采空区相邻，地测部门对该区域进行了瞬变电磁勘探，掘进区队制定了探放水措施，施工时坚持做到"有掘必探，先探后掘"。

2023年5月，为创建煤矿安全生产标准化矿井，该煤矿开展了以下工作。

一是安全生产费用提取与使用自查：①检查了安全生产费用提取与使用制度。制度中规定了安全生产费用支出项，包括煤与瓦斯突出综合防治措施支出；煤矿安全生产改造和重大隐患治理支出；完善煤矿井下监测监控、人员位置监测、紧急避险、压风自救、供水施救和通信联络等安全避险设施设备支出；应急救援技术装备、设施配置和维护保养支出；事故逃生和紧急避难设施设备的配置和应急救援队伍建设、应急预案修订与应急演练支出；开展重大危险源检测、评估、监控支出；安全生产检查、评估评价咨询支出；配备和更新现场作业人员安全防护用品支出；安全设施及特种设备检测检验、检定校准支出。②检查了2023年安全生产费用提取情况，其中，1月份计划生产原煤20万吨，实际生产原煤18万吨，当月末提取安全生产费用540万元。

二是安全风险辨识与评估：①按照《国务院安委会办公室关于实施遏制重特大事故工作

2. KXJ127（A）可编程控制箱的防爆类型是（　　）。

A. 矿用隔爆型　　　　　　　　B. 矿用增安型

C. 隔爆本安型　　　　　　　　D. 隔爆无火花型

E. 本质安全型

3. 下列关于该煤矿架空乘人装置安装与使用的说法，正确的有（　　）。

A. 可使用可摘挂抱索器

B. 可使用固定抱索器

C. 可将可编程控制箱固定在吊椅上，并在专人看护下运输

D. 运行速度不得超过 0.8m/s

E. 吊椅中心至巷道一侧突出部分的距离不得小于 0.5m

4. 下列关于三采区用电设备供电电压等级的说法，正确的有（　　）。

A. 采煤机供电电压为高压　　　　B. 综掘机供电电压为高压

C. 皮带运输机供电电压为低压　　D. 刮板机供电电压为低压

E. 转载机供电电压为低压

5. 造成本次事故的直接原因有（　　）。

A. 2号馈电开关在开关手把置于分断位置时负荷侧仍然带电

B. 2号馈电开关设备维修不到位，检修人员未发现设备故障

C. 乙无证操作，不具备相关专业知识

D. 未落实验电、放电等技术措施

E. 乙未穿戴绝缘胶靴、绝缘手套

（二）

B煤矿生产能力为 0.6Mt/a，采用立井单水平上山开拓方式，水平大巷标高为 $-357m$，采煤方法为走向长壁式，回采工艺为综合机械化开采，现有1个生产采区、1个采煤工作面和2个掘进工作面。

矿井通风方式为中央并列抽出式，总进风量 5 705m^3/min，总回风量 5 900m^3/min，矿井绝对瓦斯涌出量 23.1m^3/min，相对瓦斯涌出量 13.7m^3/t，井下有移动瓦斯抽放泵 3 台、瓦斯传感器 20 台，对井下采掘工作面及硐室进行监测监控。2018 年 7 月份该煤矿开展了主要通风机性能鉴定。

三采区 3321 回风巷掘进工作面采用煤电钻打眼、耙斗装载机出煤、锚杆支护顶板、单台对旋式局部通风机供风。2018 年 9 月 13 日早班，3321 回风巷掘进工作面当班出勤 10 人，便携式瓦检仪显示掘进工作面迎头甲烷浓度为 0.1%。12:00 左右，局部通风机停止运转，跟班电工检查发现局部通风机烧坏，将情况报告队长后去掘进工作面检修耙斗装载机开关，队长通过调度室通知机电区更换局部通风机。15:00 跟班电工检修完耙斗装载机开关后未紧固防爆面螺栓，也未将检修情况跟中班人员交接便升井。下午掘进队中班出勤 9 人，队长

B. 会游泳者迅速潜水逃生

C. 保持静卧状态，减少体力消耗

D. 轮流担任岗哨观察水情

二、**案例分析题**［共80分。案例（一）为客观题，包括单项选择题和多项选择题，案例（二）至（四）为主观题。单项选择题每题的备选项中只有1个最符合题意，多项选择题每题的备选项中有2个或2个以上符合题意。错选多选，本题不得分；少选，所选的每个选项得0.5分］

（一）

A煤矿三采区布置有主运输、辅助运输、回风三条上山，辅助运输上山坡度为26°，安装了架空乘人装置。三采区布置了一个综采工作面和一个综掘工作面。采煤工作面顺槽安装1台KBSGZY-1600/10/3.45kV移动变电站专向采煤机供电，安装1台KBSGZY-1600/10/1.2kV移动变电站向刮板机、转载机等供电，安装1台KBSGZY-200/10/0.69kV移动变电站向其他设备供电。三采区二号联络巷中安装1台KBSGZY-400/10/1.2kV移动变电站向综掘机供电，安装1台KBSGZY-200/10/0.69kV移动变电站，其负荷侧安装1台KBZ-200/660V馈电开关（1号馈电开关）作为一级保护，通过该馈电开关向综掘工作面皮带机、监控系统及2号馈电开关等设备供电，2号馈电开关安装在掘进工作面绞车硐室向外20m处，作为二级保护为掘进工作面调度绞车、照明综保等供电，两台馈电开关均未执行挂牌管理。

2021年7月5日夜班，根据工作安排，掘进队除正常掘进外，还要完成以下工作：①更换损坏的调度绞车控制开关；②安装2台KXJ127（A）可编程控制箱（外壳印有ExdibI）。当班队长甲下井后，随即同掘进工乙、跟班电工丙共同找来绞车备用开关，准备更换。甲首先到2号馈电开关位置进行停电操作，并悬挂了"有人工作，禁止合闸"的警示牌，然后又到1号馈电开关位置进行了同样的操作。跟班电工丙在1号馈电开关负荷后方安装2台KXJ127（A）可编程控制箱。掘进工乙身着普通工作服及手套拆卸原绞车开关电源及负荷侧电缆，并准备安装备用开关。跟班电工丙完成控制箱安装后，队长甲安排丙和乙共同安装绞车控制开关，为了不影响综掘工作面皮带运输机的运行，队长甲亲自到1号馈电开关送电。1号馈电开关完成送电后，乙一声惨叫，触电倒地，经抢救无效死亡。事故调查发现，2号馈电开关维修不到位，检修人员未发现开关接触器触头已粘连，开关手把置于分断位置时不能正常分断线路。

根据以上场景，完成下列题目：（共10分，每题2分，1至2题为单项选择题，3至5题为多项选择题）

1. 在更换绞车控制开关时，切断上级电源后还应进行以下操作：①悬挂警示牌；②检查瓦斯浓度；③放电；④验电；⑤闭锁。正确的操作顺序是（　　）。

A. ①②③④⑤
B. ②①④③⑤
C. ②⑤④③①
D. ①②⑤④③
E. ②③①⑤④

B. 采掘工作面回风流硫化氢浓度不得超过 0.000 66％

C. 采掘工作面进风流二氧化碳浓度不得超过 0.75％

D. 采掘工作面进风流一氧化碳浓度不得超过 0.024％

15. 通风是降低矿井有害气体浓度，保持井下良好空气环境的有效手段。下列关于井巷中允许风流速度的说法，错误的是（　　）。

　　A. 掘进中的岩巷风速不得低于 0.25m/s

　　B. 掘进中的煤巷风速不得高于 6m/s

　　C. 采区进、回巷风速不得高于 8m/s

　　D. 无瓦斯涌出的架线电机车巷风速不得低于 0.5m/s

16. 煤层瓦斯压力是存在于煤层孔隙中的游离瓦斯分子热运动对煤壁所表现的作用力，是研究评价瓦斯储量、瓦斯涌出、瓦斯流动的基础。直接法测定煤层瓦斯压力的关键因素是（　　）。

　　A. 测压钻孔工艺　　　　　　　B. 测压钻孔直径

　　C. 测压钻孔位置　　　　　　　D. 测压钻孔密度

17. 露天煤矿爆破作业中发生拒爆和熄爆时，应当在分析原因后，采取针对性措施。下列关于处理拒爆和熄爆的做法，正确的是（　　）。

　　A. 因地面网路连接错误出现拒爆可再次连线起爆

　　B. 距拒爆孔 5 倍孔径处重新打孔装药爆破

　　C. 在危险区边界设警戒线，严禁任何人员进入警戒区

　　D. 因地面网路断爆出现拒爆严禁再次连接起爆

18. 某煤矿运输大巷采用带式输送机运输煤炭。2021 年 4 月 3 日早班 9∶30，运行发现带式输送机的输送带与滚筒之间打滑，立即报告值班队长请求及时处理。下列处理方法中，错误的是（　　）。

　　A. 调整输送带张紧行程　　　　B. 将皮带截去一段重新连接

　　C. 重新包胶或更换滚筒　　　　D. 在驱动滚筒上缠绕摩擦绳

19. 露天煤矿爆破作业时，为避免建（构）筑物振动速度过大，安全距离应符合《煤矿安全规程》规定。下列关于各类建（构）筑物地面质点安全振动速度的说法，正确的是（　　）。

　　A. 土坯房地面质点的安全振动速度不应超过 2.0cm/s

　　B. 钢筋混凝土框架房屋地面质点的安全振动速度不应超过 5.0cm/s

　　C. 一般砖房地面质点的安全振动速度不应超过 1.0cm/s

　　D. 抗震的大型砌块建筑物地面质点的安全振动速度不应超过 3.0cm/s

20. 某煤矿水平运输大巷掘进工作面在掘进过程中，发生老空水透水事故，邻近的二采区上山掘进工作面人员未能及时撤离，被迫在迎头避灾。下列自救措施中，错误的是（　　）。

　　A. 用石块有规律地敲击巷壁或管道

量。下列粉尘测定方法中，用于测定粉尘分散度的是（   ）。
   A. 滤膜溶解涂片法   B. 滤膜采样测尘法
   C. 焦磷酸质量法   D. 红外分光分析法

8. 防止煤尘爆炸传播技术也称隔绝煤尘爆炸传播技术，该技术分为被动式隔爆技术和自动式隔爆技术两大类。下列关于被动式隔爆水棚抑爆效果的说法，正确的是（   ）。
   A. 在距爆源 60~200m 范围内发挥作用   B. 在爆炸发生初期发挥作用
   C. 在低矮、狭窄的巷道中效果明显   D. 在拐弯多的巷道中效果明显

9. 某煤矿在掘进过程中，工作面压力增大，顶底板产生裂隙，有大量水从底部裂隙和煤壁渗出且水色时清时浊，并伴有刺耳水声。根据以上征兆判断，该工作面有可能发生的水害类型是（   ）。
   A. 老空区突水   B. 断层突水
   C. 顶板含水层突水   D. 底板灰岩突水

10. 棚状支架支护主要有 U 型钢和工字钢金属支架支护两种形式。下列关于棚状支架支护特点及适用条件的说法，正确的是（   ）。
    A. U 型钢金属支架支护属于刚性支护
    B. 工字钢金属支架支护主要用于折线形断面巷道支护
    C. U 型钢金属支架支护主要用于梯形断面巷道支护
    D. 工字钢金属支架支护属于可缩性支护

11. 履带式钻孔机在露天煤矿进行钻孔作业和行走时，履带边缘与坡顶线应保留足够的安全距离。钻孔机在高度为 6m 的台阶上作业时，钻孔机履带边缘与坡顶线的安全距离至少为（   ）。
    A. 0.5m   B. 1.0m   C. 2.0m   D. 3.0m

12. 排土场形成滑坡和泥石流灾害主要取决于基底承载能力、排土工艺、岩土力学性质、地下水和地表水等因素。下列关于排土场灾害影响因素的说法，正确的是（   ）。
    A. 当基底坡度接近或小于排土场物料的内摩擦角时，易产生沿基底接触面的滑坡
    B. 基底为软弱岩层且力学性质低于排土场物料的力学性质时，易产生底鼓或滑动
    C. 当基底稳定时，软弱岩石的排土场高度等于其自然安息角条件下理论上可达到的任意高度
    D. 排土场的堆置高度和速度对基底土层孔隙压力的消散和固结影响不大

13. 均压防灭火是通过降低采空区域两侧压差，从而减少向该区域漏风供氧的方式，抑制和窒息煤炭自燃。下列关于采煤工作面均压防灭火特点的说法，正确的是（   ）。
    A. 可在不影响生产的前提下实施   B. 可快速提高工作面供风量
    C. 可快速降低采空区空气湿度   D. 见效快，但工程量大

14. 矿井有害气体威胁井下作业人员的生命安全，《煤矿安全规程》对矿井气体安全浓度标准作出了明确规定。下列关于井下气体允许浓度的说法，正确的是（   ）。
    A. 采掘工作面进风流氧气浓度不得低于 18%

一、单项选择题（共20题，每题1分。每题的备选项中，只有1个最符合题意）

1. 根据进、回风井的布置形式不同，矿井通风方式可分为中央式通风、对角式通风和混合式通风。下列关于各种通风方式适用条件的说法，正确的是（　　）。
   A. 煤层埋藏深、自然发火严重的新建高瓦斯矿井可采用分区对角压入式通风
   B. 煤层倾角大、埋藏深、自然发火不严重的新建低瓦斯矿井可采用中央并列式通风
   C. 煤层倾角小、埋藏深、走向长度大、自然发火严重的新建高瓦斯矿井可采用中央边界式通风
   D. 井田面积小、煤层自然发火严重的新建高瓦斯矿井可采用混合式通风

2. 通风网络中，井巷风流的基本连接方式有串联、并联和角联。下列关于风流连接方式及其特性的说法，正确的是（　　）。
   A. 并联风网的总风量等于各分支风量之和
   B. 并联风网的总风压等于各分支风压之和
   C. 串联风网的总等积孔等于各分支等积孔之和
   D. 角联风网中的对角巷道风流方向不易发生变化

3. 局部风量调节主要有增加风阻调节法和降低风阻调节法。下列关于两种局部风量调节法优缺点及其适用性的说法，正确的是（　　）。
   A. 增加风阻调节法简便易行，工程费用少，适用于服务年限长的采区
   B. 增加风阻调节法简便易行，特别适用于阻力搭配不均的矿井两翼调风
   C. 降低风阻调节法工程量较大，能够减少矿井总风阻，增加矿井总风量
   D. 降低风阻调节法和增加风阻调节法相比，主要通风机耗电量大

4. 矿井通风阻力测定的主要目的是检查通风阻力的分布是否合理。下列关于全矿井通风阻力测定工作的说法，正确的是（　　）。
   A. 选择风阻短的干线为主要测量路线
   B. 并联风路应测量各线路风压
   C. 为方便测量，测点应靠近风门
   D. 井底车场可以简化为1个测点

5. 当防治火灾的措施失败或火势迅猛来不及采取直接灭火措施时，应及时封闭火区。下列封闭火区的做法中，正确的是（　　）。
   A. 尽可能地增加防火墙数量
   B. 先封闭火区的主要进回风巷道
   C. 通常同时封闭进回风巷道
   D. 尽可能扩大火区封闭范围

6. 矿井火灾监测分为外因火灾检测和内因火灾监测两种，目前我国煤矿对外因火灾的监测主要集中在带式输送机火灾的检测上。下列关于火灾监测系统中PN结温度传感器安装和作用的说法，正确的是（　　）。
   A. 安装在各滚筒表面附近，探测托辊卡死后与输送带摩擦引起的火灾
   B. 安装在滚筒表面法向距离3mm处，探测托辊卡死后与输送带摩擦引起的火灾
   C. 安装在托辊附近，探测输送带与滚筒打滑引起的火灾
   D. 安装在带式输送机巷道的风流中，探测环境温度变化

7. 生产场所空气中粉尘测定的项目主要有粉尘浓度、粉尘分散度和粉尘中游离二氧化硅含

考生注意事项

1. 答题前,考生须在试题册指定位置上填写工作单位、考生姓名和准考证号;在答题卡指定位置上填写考生姓名和准考证号,并涂写准考证号信息点。

2. 选择题的答案必须涂写在答题卡相应题号的选项上,非选择题的答案必须书写在答题卡指定位置的边框区域内。超出答题区域书写的答案无效;在草稿纸、试题册上答题无效。

3. 填(书)写部分必须使用黑色字迹签字笔或者钢笔书写,字迹工整、笔迹清楚;涂写部分必须使用2B铅笔填涂。

4. 考试结束,将答题卡和试题册按规定交回。

2023 年全国中级注册安全工程师职业资格考试

安全生产专业实务（煤矿安全）

准考证号：

考生姓名：

工作单位：

免费兑换 备考课程

第一章　煤矿开采技术基础

考点 1　煤矿基础知识

1. 煤矿安全主要名词解释

根据《煤矿安全规程》，煤矿主要名词解释见下表。

名词	解释
薄煤层	地下开采时厚度 1.3m 以下的煤层；露天开采时厚度 3.5m 以下的煤层
中厚煤层	地下开采时厚度 1.3~3.5m 的煤层；露天开采时厚度 3.5~10m 的煤层
厚煤层	地下开采时厚度 3.5m 以上的煤层；露天开采时厚度 10m 以上的煤层
近水平煤层	地下开采时倾角 8° 以下的煤层；露天开采时倾角 5° 以下的煤层
缓倾斜煤层	地下开采时倾角 8°~25° 的煤层；露天开采时倾角 5°~10° 的煤层
倾斜煤层	地下开采时倾角 25°~45° 的煤层；露天开采时倾角 10°~45° 的煤层
急倾斜煤层	地下或露天开采时倾角在 45° 以上的煤层
近距离煤层	煤层群层间距离较小，开采时相互有较大影响的煤层
井巷	为进行采掘工作在煤层或岩层内所开凿的一切空硐
水平	沿煤层走向某一标高布置运输大巷或总回风巷的水平面
主要运输巷	运输大巷、运输石门和主要绞车道的总称
石门	与煤层走向正交或斜交的岩石水平巷道
上山	在运输大巷向上，沿煤岩层开凿，为 1 个采区服务的倾斜巷道。按用途和装备分为：输送机上山、轨道上山、通风上山和人行上山等
下山	在运输大巷向下，沿煤岩层开凿，为 1 个采区服务的倾斜巷道。按用途和装备分为：输送机下山、轨道下山、通风下山和人行下山等
采掘工作面	采煤工作面和掘进工作面的总称

· 1 ·

2. 煤矿安全基本概念

（1）一般将一个煤田划归为若干个煤矿进行开采，在一个井田上进行开采的煤矿叫做矿井。

（2）划归一个矿井开采的那部分煤田称为井田。

（3）在一个井田范围内，主要巷道的总体布置及其有关参数的确定叫作井田开拓。

3. 井田开拓方式分类

井田开拓方式分类见下表。

分类标准	井田开拓方式
按井筒（硐）形式分类	立井开拓、斜井开拓、平硐开拓、综合开拓
按开采水平数目分类	单水平开拓（井田内只设1个开采水平）、多水平开拓（井田内设2个及以上开采水平）
按开采方式分类	上山式开拓、上下山式开拓及混合式开拓
按开采水平大巷布置方式分类	分煤层大巷开拓、集中大巷开拓、分组集中大巷开拓

4. 矿井巷道类别

矿井巷道类别见下表。

分类标准	巷道类别
按巷道所处空间位置和形状分类	（1）垂直巷道，如立井、暗立井 （2）水平巷道，如平硐、石门、煤门、平巷 （3）倾斜巷道，如斜井、上山、下山
按巷道服务范围及其用途分类	（1）开拓巷道，如井筒、井底车场、主要石门、阶段（水平）大巷、采区石门等井巷，以及掘进这些巷道的辅助巷道 （2）准备巷道，如采区上（下）山、区段集中巷、区段石门、采区车场、采区变电所等 （3）回采巷道，如采煤工作面的开切眼、区段运输平巷和区段回风平巷

· 2 ·

考点 2 矿山开采

1. 采煤方法

采煤方法见下表。

采煤方法	内容
地下开采	按工作面布置方式、采煤工艺、顶板控制方法、推进方向等特点，分为壁式体系采煤法和柱式体系采煤法： （1）壁式体系采煤法分为走向长壁采煤法和倾斜长壁采煤法，采煤工作面长度一般在 50m 以上的称为长壁工作面，通常在 80～300m （2）柱式体系采煤法分为房式和房柱式两种类型
露天开采	（1）按作业的连续性，分为间断式、连续式和半连续式 （2）当煤厚达到一定值，直接露出于地表，或其覆盖层较薄、开采煤层与覆盖层采剥量之比在经济上有利时，就可以考虑采用露天开采

2. 采煤工艺

（1）采煤工作面内主要有破煤、装煤、运煤、支护及采空区处理等工序。

（2）我国以长壁开采为代表的采煤工艺技术的发展大体经历了 3 个阶段：

第一阶段，主要为爆破落煤阶段。

第二阶段，为普通机械化采煤阶段。

第三阶段，为破煤、装煤、运煤、支护、采空区处理综合机械化、自动化阶段，即综合机械化采煤阶段。

3. 采区设计

采区设计图一般包括：

（1）采区巷道布置平面图及剖面图。

（2）采区生产系统图。其主要包括：

①采区运输系统图。

②采区通风系统及通风监测仪的布置图。

③采区供电、通信、压风、排水、防尘、灌浆及瓦斯抽放系统（管线布置）图。

· 3 ·

④采区机械配备图，并标注达到采区生产能力期间主要设备的配备及安设地点、型号及数量。

（3）采区车场平面图、剖面图及线路坡度图。

（4）交岔点平面、断面图。

（5）巷道断面图。

（6）采区硐室图。其主要包括：

①采区煤仓平面图、剖面图。

②采区变电所剖面图。

③采区绞车房平面图、剖面图。

（7）采煤方法图（包括层面图及剖面图）。

4. 井巷掘进和支护

（1）巷道掘进主要采用爆破掘进和机械掘进。爆破掘进时，可采用风动钻机或液压钻机打钻孔，电雷管和煤矿许用炸药破煤（岩），装岩机装煤（岩）。机械掘进时，可采用综掘机或连续采煤机掘进、装岩和转运，带式输送机或刮板输送机出矸（煤）。

（2）井下巷道必须进行支护，具体支护材料可以选择喷射混凝土、料石砌碹、"工"字钢支架、"U"形钢棚、锚杆锚索等。

5. 巷道顶板事故的防治

预防掘进工作面顶板事故的措施如下：

（1）根据掘进工作面围岩性质，严格控制控顶距；当掘进工作面遇到断层、褶曲等地质构造破坏带或层理裂隙发育的岩层时，棚子应紧靠掘进工作面。

（2）严格执行"敲帮问顶"制度，危石必须挑下，无法挑下时应采取临时支撑措施，严禁空顶作业。

（3）在地质破坏带或层理裂隙发育区掘进巷道时要缩小棚距，在掘进工作面附近应采用拉条等把棚子连成一体，防止棚子被推垮；必要时还要打中柱。

（4）掘进工作面冒顶区及破碎带必须背严接实，必要时要挂金属网防止漏空。

（5）掘进工作面炮眼布置及装药量必须与岩石性质、支架与掘进工作面距离相适应，以防止因爆破而崩倒棚子。

（6）采用"前探掩护支架"，使工人在顶板有防护的条件下出矸、支护，防止冒顶伤人。

第二章 矿井通风与安全管理

考点 1 矿井有害气体及气候条件

（1）根据《煤矿安全规程》，常见有害气体的安全标准见下表。

有害气体名称	最高允许浓度
一氧化碳（CO）	0.002 4%
氧化氮（换算成 NO_2）	0.000 25%
二氧化硫（SO_2）	0.000 5%
硫化氢（H_2S）	0.000 66%
氨（NH_3）	0.004%

（2）矿井气候条件的 3 个影响参数为空气温度、相对湿度和风速，是影响人体热平衡的主要因素。

（3）衡量矿井气候条件的指标有干球温度、湿球温度、等效温度、同感温度和卡他度。

（4）当采掘工作面空气温度超过 26℃、机电设备硐室温度超过 30℃时，必须缩短超温地点工作人员的工作时间，并给予高温保健待遇。当采掘工作面的空气温度超过 30℃、机电设备硐室温度超过 34℃时，必须停止作业。新建、改扩建矿井设计时，必须进行矿井风温预测计算，超温地点必须有降温设施。

考点 2 矿井通风阻力

1. 通风阻力测定

矿井通风阻力有沿程阻力（又称摩擦阻力）和局部阻力。摩擦阻力的大小与巷道的摩擦阻力系数有关，摩擦阻力系数的现场测定应注意以下几点：

（1）必须选择支护形式一致、巷道断面不变和方向不变（不存在局部阻力）的巷道。

（2）准确测算摩擦风阻和摩擦阻力系数的关键是要测准摩擦阻力和风量的值。测定断面应选择在风流较稳定的区域。在局部阻力物前布置测点，距离不得小于巷宽的 3 倍；在局部阻力物后布置测点，距离不得小于巷宽的 8~12 倍。测段距离和风量均较大时，压差应不低于 20Pa。

（3）用风表测断面平均风速时应和测压同步进行，防止由于各种原因

（风门开闭、车辆通过等）使测段风量变化产生影响。

2. 降低摩擦阻力的措施

（1）减小摩擦阻力系数。

（2）保证有足够大的井巷断面。

（3）尽量选用周长较小的断面。

（4）减少巷道长度。

（5）避免巷道内风量过于集中，即减小风量。

3. 降低局部阻力的措施

（1）当连接不同断面的巷道时，要把连接的边缘做成斜线或圆弧形；井下尽量少使用直径很小的铁筒风桥和风窗来调节风量。

（2）巷道拐弯时，转角越小越好，在拐弯的内侧或内外两侧做成斜线形或圆弧形，要尽量避免出现直角拐弯。

（3）减少产生局部阻力地点的风速及巷道的粗糙度。

（4）在风筒或通风机的进口安装集风器，在出风口安装扩散器。

（5）及时清理巷道中的堆积物，并在可能条件下尽量不使成串的矿车长时间地停留在主要通风巷道内，以免阻挡风流，使通风情况恶化。

考点 3　矿井通风方式和通风系统

矿井通风动力有自然风压（自然通风）和通风机风压（通风机通风）。局部通风机通风可分为压入式、抽出式和混合式 3 种。

1. 矿井通风方式

（1）矿井通风方式见下表。

通风方式	内容
中央式通风	出风井与进风井大致位于井田走向中央的通风方式，分为中央并列式通风和中央边界式通风
对角式通风	进风井位于井田中央，出风井分别位于井田沿走向的两翼上，分为两翼对角式通风和分区对角式通风
混合式通风	老矿井进行深部开采时所采用的通风方式，一般进风井与出风井由 3 个以上井筒组成，有中央分列与两翼对角混合式、中央并列与两翼对角混合式和中央并列与中央分列混合式等

· 6 ·

（2）串联通风与并联通风见下表。

通风网络	特性
串联通风	（1）总风量和分风量的关系：$Q_串=Q_1=Q_2=\cdots=Q_n$ （2）总风压和分风压的关系：$h_串=h_1+h_2+\cdots+h_n$ （3）总风阻和分风阻的关系：$R_串=R_1+R_2+\cdots+R_n$ （4）总等积孔和分等积孔的关系：$A_串=\dfrac{1}{\sqrt{\dfrac{1}{A_1^2}+\dfrac{1}{A_2^2}+\cdots+\dfrac{1}{A_n^2}}}$
并联通风	（1）总风量和分风量的关系：$Q_并=Q_1+Q_2+\cdots+Q_n$ （2）总风压和分风压的关系：$h_并=h_1=h_2=\cdots=h_n$ （3）总风阻和分风阻的关系：$R_并=\dfrac{1}{(\sqrt{\dfrac{1}{R_1}}+\sqrt{\dfrac{1}{R_2}}+\cdots+\sqrt{\dfrac{1}{R_n}})^2}$ （4）总等积孔和分等积孔的关系：$A_并=A_1+A_2+\cdots+A_n$

2. 矿井通风设施

矿井通风设施见下表。

通风设施	举例
引导风流的设施	风硐、风桥
隔断风流的设施	防爆门（盖）、挡风墙和风门

3. 矿井通风系统的要求

（1）每一矿井必须有完整的独立的通风系统。

（2）进风井口应按全年风向频率，布置在不受粉尘、煤尘、灰尘、有害气体和高温气体侵入的地方。

（3）箕斗提升井或装有胶带输送机的井筒不应兼作进风井，如果兼作回风井使用，必须采取措施，满足安全的要求。

（4）多风机通风系统在满足风量按需分配的前提下，各主要通风机的工作风压应接近。

（5）每一个生产水平和每一采区，必须布置回风巷，实行分区通风。

（6）井下爆破材料库必须有单独的新鲜风流，回风风流必须直接引入矿井的总回风巷或主要回风巷中。

（7）井下充电室必须有单独的新鲜风流通风，回风风流应引入回风巷。

4. 矿井通风阻力测定

（1）常用的通风阻力测定方法有两种，一种是压差计法，另一种是气压计法。

（2）通风阻力测定的基本内容及要求：

①测算通风阻力的分布情况。往往将测定线路分成若干小段同时测定，这样既可以减少测定阻力的误差，也可以节约时间。测定全矿井通风阻力时，尽可能做到连续、快速。

②测算井巷风阻。井巷风阻是反映井巷通风特性的重要参数，只要测定出各条井巷的通风阻力和该巷通过的风量，就可以计算出它们的风阻值。只要井巷断面和支护方式不变，测一次即可；如果发生了变化，则需要重测。

③测算摩擦阻力系数。断面形状和支护方式不同的井巷，其摩擦阻力系数也不同。测摩擦阻力系数时，可以分段、分时间进行测量，不必测量整个巷道的阻力，但测量精度要求高。

第三章　瓦斯灾害防治技术

考点 1　瓦斯的特点及危害

1. 瓦斯来源及其危害

瓦斯的特点、赋存及危害见下表。

项目	内容
瓦斯的特点	瓦斯通常指的是甲烷（CH_4），是一种无色、无味、无臭的气体。由于瓦斯比空气轻，故常常积聚在巷道顶部、上山掘进工作面、顶板冒落空洞中，极易造成人员缺氧而窒息死亡。瓦斯不助燃，但当与空气混合达到一定含量后，遇到高温火焰时能够燃烧或爆炸
瓦斯赋存状态	游离状态（自由状态）和吸附状态（结合状态）
影响煤层瓦斯赋存的因素	主要有煤层埋藏深度、煤层和围岩透气性、煤层倾角、煤层露头、煤化作用程度及煤系地层的地质史
瓦斯的危害	瓦斯喷出、瓦斯燃烧爆炸、煤与瓦斯突出、瓦斯窒息

2. 瓦斯爆炸必须具备的条件

瓦斯爆炸必须具备以下 3 个条件：

(1) 瓦斯含量在爆炸界限内，一般为 $5\%\sim16\%$。

(2) 混合气体中氧气含量不低于 12%。

(3) 有足够能量的点火源，温度不低于 650℃，能量大于 0.28mJ，持续时间大于爆炸感应期。

3. 煤与瓦斯突出的预兆

煤与瓦斯突出的预兆分为无声预兆和有声预兆。

(1) 无声预兆：

①煤层结构变化，层理紊乱，煤层由硬变软、由薄变厚，倾角由小变大，煤由湿变干，光泽暗淡，煤层顶底板出现断裂，煤岩严重破坏等。

②工作面煤体和支架压力增大，煤壁外鼓、掉碴、煤块迸出等。

③瓦斯增大或忽小忽大，煤尘增多。

· 9 ·

（2）有声预兆：出现煤爆声、闷雷声、深部岩石或煤层破裂声、支柱折断声等。

考点 2　矿井瓦斯涌出

（1）煤层瓦斯参数包括瓦斯含量、煤层瓦斯压力、煤层透气性、煤的坚固性系数、瓦斯涌出量等。

（2）影响矿井瓦斯涌出量的因素主要有自然因素和开采技术。

①自然因素包括煤层及围岩的瓦斯含量、开采深度、地面大气压力变化。

②开采技术因素包括开采顺序与回采方法、回采速度与产量、落煤工艺、基本顶来压步距、通风压力、采空区密闭质量、采场通风系统等。

（3）具备下列条件之一的矿井为突出矿井：

①在矿井井田范围内发生过煤（岩）与瓦斯（二氧化碳）突出的煤（岩）层。

②经鉴定、认定为有突出危险的煤（岩）层。

③在矿井的开拓、生产范围内有突出煤（岩）层的矿井。

（4）具备下列条件之一的矿井为高瓦斯矿井：

①矿井相对瓦斯涌出量大于 $10m^3/t$。

②矿井绝对瓦斯涌出量大于 $40m^3/min$。

③矿井任一掘进工作面绝对瓦斯涌出量大于 $3m^3/min$。

④矿井任一采煤工作面绝对瓦斯涌出量大于 $5m^3/min$。

（5）同时满足下列条件的矿井为低瓦斯矿井：

①矿井相对瓦斯涌出量不大于 $10m^3/t$。

②矿井绝对瓦斯涌出量不大于 $40m^3/min$。

③矿井任一掘进工作面绝对瓦斯涌出量不大于 $3m^3/min$。

④矿井任一采煤工作面绝对瓦斯涌出量不大于 $5m^3/min$。

（6）矿井瓦斯涌出治理技术包括瓦斯抽放、分源治理、分级和分类治理、综合治理。

考点 3　防治瓦斯积聚

1. 防治瓦斯积聚的方法

（1）保证工作面的供风量。

（2）处理采煤工作面回风隅角的瓦斯积聚。

（3）处理掘进工作面局部的瓦斯积聚。

（4）处理通风异常或瓦斯涌出异常。

2. 防治盲巷瓦斯积聚的方法

（1）防止产生盲巷，加强地质工作和掘进工作面的通风，保证掘进工作面正常通风，不形成不通风的盲巷。

（2）掘进工作面使用局部通风机，实行"四专"，即专用开关、专用电缆、专用变压器和专人看管。

（3）局部通风机，特别是用于高瓦斯、煤与瓦斯突出或瓦斯涌出异常的掘进工作面的局部通风机，要安装风压遥信自动检测装置。

（4）明确责任，落实到人，实行"三级"排放瓦斯管理制度，并且采取控制瓦斯浓度等一系列措施来防治瓦斯积聚和超限。

3. 防治采煤工作面瓦斯积聚的方法

（1）进行通风稀释。根据不同的矿井实际情况选择合适的通风方式进行通风。

（2）采用引导风流法进行处理。将不含有瓦斯的风流引入瓦斯积聚的地点，把局部积聚的瓦斯或把瓦斯涌出点涌出的瓦斯流加以稀释冲淡并带走。

（3）采用钻孔抽放法抽放瓦斯，防止某区域瓦斯超限。

考点 4 防治瓦斯爆炸和瓦斯突出

1. 防治瓦斯爆炸的技术措施

（1）防止瓦斯积聚和超限。

（2）严格执行瓦斯检查制度。

（3）采取防止瓦斯引燃的措施。

（4）采取防止瓦斯爆炸灾害扩大的措施。

2. 防治瓦斯突出的技术措施

防治瓦斯突出的技术措施主要分为区域性措施和局部性措施。

（1）区域性措施是针对大面积范围消除突出危险性的措施，主要有开采保护层和预抽煤层瓦斯。

（2）局部性措施主要在采掘工作面执行，对采掘工作面前方煤岩体一定

· 11 ·

范围消除突出危险性。局部性措施有许多种，如卸压排放钻孔、深孔或浅孔松动爆破、卸压槽、煤体固化、水力冲孔等。

第四章　防灭火技术

考点 1　煤炭自燃及预防

1. 煤炭自燃的 4 个基本条件

（1）煤具有自燃倾向性。

（2）有连续的通风供氧条件。

（3）破碎状态堆积热量积聚。

（4）持续一定的时间。

2. 预防自燃火灾的措施

预防自燃火灾的措施主要有开拓开采技术措施、灌浆防灭火、阻化剂防灭火、凝胶防灭火、均压防灭火、惰性气体防灭火、防止漏风等，具体内容见下表。

预防自燃火灾的措施	内容
开拓开采技术措施	（1）提高采出率，减少煤柱和采空区遗煤，破坏煤炭自燃的物质基础 （2）加快回采速度，回采后及时封闭采空区，缩短煤炭与空气接触的时间，减少漏风，消除自燃的供氧条件，破坏煤炭自燃的过程
灌浆防灭火	分为采前预泄、随采随灌和采后封闭灌浆
阻化剂防灭火	将阻化剂（如氯化钙、氯化镁、氯化锌等吸水性很强的无机盐类）喷洒于煤壁、采空区或压注入煤体之内，以抑制或延缓煤炭的氧化，达到防止自燃的目的
凝胶防灭火	凝胶主要由基料和促凝剂组成，凝胶基料在井下起防灭火的作用
均压防灭火	设法降低采空区区域两侧风压差，从而减少向采空区漏风供氧，达到抑制和窒息煤炭自燃
惰性气体防灭火	主要有氮气防灭火、二氧化碳防灭火和燃烧产生的惰性气体防灭火

13

续表

预防自燃火灾的措施	内容
防止漏风	（1）通过示踪气体检测到漏风情况后，根据分析结果进行堵漏 （2）常用的堵漏方法有挂帘堵漏、夹缝密闭墙堵漏、水泥砂浆喷涂堵漏、注砂堵漏、粉煤灰充填堵漏、隔绝堵漏、泡沫堵漏、高水速凝材料堵漏等

3. 风流控制技术

风流控制技术中，反风分为全矿性反风和局部反风两种。

（1）全矿性反风一般适用于当矿井进风井口、井筒、井底车场、中央石门等地点，或者距矿井入风井口较近的地区出现火灾时。

（2）局部反风主要用于采区内发生火灾时，主要通风机仍保持正常运行，通过调整采区内预设风门的开关状态，实现采区内部部分巷道风流的反向。如果火灾发生在某一采区或工作面的进风侧，应当采用局部反风措施，防止烟流进入人员汇集的工作地点，减少灾害损失。

考点 2　火区封闭和启封

（1）当防治火灾的措施失败或因火势迅猛来不及采取直接灭火措施时，就需要及时封闭火区，防止火灾势态扩大。火区封闭要尽可能地缩小范围，并尽可能地减少防火墙的数量。火区封闭只有在确保已没有任何人留在里面时才可以进行。

（2）封闭火区的顺序：一般是先封闭对火区影响不大的次要风路的巷道，然后封闭火区的主要进回风巷道。

（3）同时具备下列条件时，方可认为火区已经熄灭，准予启封：

①火区内温度下降到 30℃ 以下，或与火灾发生前该区的空气日常温度相同。

②火区内空气中的氧气浓度降到 5% 以下。

③火区内空气中不含有乙烯、乙炔，一氧化碳浓度在封闭期间逐渐下降，并稳定在 0.001% 以下。

④火区的出水温度低于 25℃，或与火灾发生前该区的日常出水温度相同。

⑤以上 4 项指标持续稳定的时间在 1 个月以上。

考点 3　防灭火系统

1. 煤矿防灭火系统

矿井必须设地面消防水池和井下消防管路系统。井下消防管路系统应当敷设到采掘工作面，每隔100m设置支管和阀门，但在带式输送机巷道中应当每隔50m设置支管和阀门。地面的消防水池必须经常保持不少于200m³的水量。

2. 制浆材料的选择

灌浆防灭火中，制浆用的材料应满足以下要求：

（1）加入少量水即可成浆。

（2）浆液渗透力强，收缩率小，来源广泛，成本低。

（3）不含可燃、助燃成分。

（4）泥浆要易于脱水，且具有一定的稳定性，一般要求含砂量为25%～30%。

（5）泥土粒度不大于2mm，细小粉粒（粒度小于1mm）应占75%以上。

（6）主要物理性能指标：密度为2.4～2.8t/m³，塑性指数为9～14，胶体混合物为25%～30%，含砂量为25%～30%。

3. 注氮工艺

注氮防灭火中，注氮工艺有：

（1）一次采全高注氮工艺。一般采取沿巷道埋管方式进行注氮防火。采空区埋管管路每隔一定距离预设氮气释放口，其位置应高于煤层底板，一般高出20～30cm，并采用石块或木跺加以妥善保护，以免孔口被堵塞。

（2）分层开采注氮工艺。分层开采时，注氮管路可铺设在岩石集中巷中，沿工作面推进方向每隔30m左右布置一个钻孔，将注氮管路由钻孔引至进风巷道。

· 15 ·

第五章　粉尘防治技术

考点 1　粉尘及其防治

1. 粉尘分类

粉尘分类见下表。

分类	内容
按粉尘的粒径划分	(1) 粗尘：粒径大于 $40\mu m$，相当于一般筛分的最小粒径，在空气中极易沉降 (2) 细尘：粒径为 $10\sim40\mu m$，在明亮的光线下，肉眼可以看到，在静止空气中作加速沉降 (3) 微尘：粒径为 $0.25\sim10\mu m$，用光学显微镜可以观察到，在静止空气中呈等速沉降 (4) 超微粉尘：粒径小于 $0.25\mu m$，用电子显微镜才能观察到，在空气中作布朗扩散运动
按测定粉尘浓度的方法划分	(1) 全尘：包括各种粒径在内的矿尘总和，在实际工作中，通常把粉尘浓度近似为全尘浓度 (2) 呼吸性粉尘：对人体危害最大的粒径小于 $7.07\mu m$ 的粉尘，是粉尘控制的主要对象
按矿尘中游离 SiO_2 含量划分	(1) 矽尘：游离 SiO_2 含量在 10% 以上的矿尘，它是引起矿工硅肺病的主要因素。煤矿中的岩尘一般多为矽尘 (2) 非矽尘：游离 SiO_2 含量在 10% 以下的矿尘。煤矿中的煤尘一般均为非矽尘

2. 粉尘防治技术

(1) 通风排尘。井巷中的风流速度应当符合下表的要求。

井巷名称	允许风速（$m \cdot s^{-1}$）	
	最低	最高
无提升设备的风井和风硐		15
专为升降物料的井筒		12

· 16 ·

续表

井巷名称	允许风速（m·s⁻¹）	
	最低	最高
风桥		10
升降人员和物料的井筒		8
主要进、回风巷		8
架线电机车巷道	1.0	8
输送机巷，采区进、回风巷	0.25	6
采煤工作面、掘进中的煤巷和半煤岩巷	0.25	4
掘进中的岩巷	0.15	4
其他通风人行巷道	0.15	

设有梯子间的井筒或者修理中的井筒，风速不得超过 8m/s；梯子间四周经封闭后，井筒中的最高允许风速可以按上表的规定执行。无瓦斯涌出的架线电机车巷道中的最低风速可低于上表的规定值，但不得低 0.5m/s。综合机械化采煤工作面，在采取煤层注水和采煤机喷雾降尘等措施后，其最大风速可高于上表的规定值，但不得超过 5m/s。

（2）湿式作业。我国矿山较成熟的经验是采取以湿式凿岩为主，并配合喷雾洒水、水炮泥、水封爆破以及矿床注水等防尘技术措施。

（3）密闭抽尘。利用密闭净化系统把局部尘源所产生的矿尘限制在密闭空间之内，再抽尘净化。

（4）净化风流。目前使用较多的是水幕和湿式除尘器。

（5）煤层注水。煤层注水是减少采煤工作面粉尘产生的最根本、最有效的措施，一般可将总粉尘浓度减少 75%～85%，呼吸性粉尘浓度减少 65%以上。

3. 净化水幕

常见的净化水幕有以下几种：

（1）矿井总入风流净化水幕，在距井口 20～100m 巷道内。

（2）采区入风流净化水幕，在风流分叉口支流内。

（3）采煤回风流净化水幕，在距工作面回风口 10～20m 回风巷内。

（4）掘进回风流净化水幕，在距工作面 30～50m 巷道内。

· 17 ·

（5）巷道中产尘源净化水幕，在尘源下风侧 5～10m 巷道内。

4. 煤层注水方式

煤层注水方式见下表。

注水方式	内容
短孔注水	孔长为工作面一个循环的长度，一般为 2～3.5m，采用低压注水
深孔注水	孔长为采煤工作面数个循环进度，一般为 5～25m，主要适用于采煤循环有准备班的工作面注水
长孔注水	孔长一般为 30～100m，主要应用于长壁式采煤法

5. 煤层注水可注性判定指标

（1）煤层注水可注性判定指标主要有原有水分（W，%）、孔隙率（η，%）、吸水率（δ，%）和坚固性系数（f）。

（2）当煤样测试结果同时满足 $W \leqslant 4\%$、$\eta \geqslant 4\%$、$\delta \geqslant 1\%$ 和 $f \geqslant 0.4$，则判定取样煤层为可注水煤层，否则判定为可不注水煤层。

考点 2　个体防护

（1）防尘口罩的基本要求见下表。

项目	要求
呼吸空气量	一般在 20～30L/min 以上
呼吸阻力	一般要求在没有粉尘、流量为 30L/min 条件下，吸气阻力应不大于 50Pa，呼气阻力不大于 30Pa
阻尘率	对粒径小于 5μm 的粉尘，阻尘率大于 99%
有害空间	口罩面具与人面之间的空腔，应不大于 180cm³
妨碍视野角度	应小于 10°，主要是下视野
气密性	在吸气时，无漏气现象

（2）防尘口罩的选择应考虑以下几点：

①口罩的阻尘效率。口罩的阻尘效率的高低是以其对微细粉尘，尤其是对 5μm 以下的呼吸性粉尘的阻隔效率为标准。因为这一粒径的粉尘能直接进入肺泡，对人体健康造成的影响最大。

②口罩与人脸形状的密合程度。当口罩形状与人脸不密合，选用的滤料再好，也无法保障健康。

③佩戴舒适度。要求呼吸阻力要小,轻便卫生。

(3) 防尘口罩按其工作原理可分为自吸过滤式防尘口罩和送风式防尘口罩两种。自吸过滤式防尘口罩的类型及要求见下表。

类型	要求
简易式防尘口罩	适用于氧气浓度不低于18%且无其他有害气体的作业环境,为一次性产品
复式防尘口罩	由面具、过滤盒和呼气阀组成,可在潮湿和淋水条件下佩戴使用。更换滤料后可重复使用

考点3 煤尘防爆

1. 粉尘爆炸的特点

(1) 粉尘爆炸要比可燃物质及可燃气体爆炸复杂。

(2) 粉尘爆炸发生之后,往往会产生二次爆炸。第二次爆炸所造成的灾害往往比第一次爆炸要严重得多。

(3) 粉尘爆炸的机理。对于同一种固体物质的粉体,其粒度越小,比表面积越大,燃烧扩散就越快。

(4) 粉尘爆炸与粉尘燃烧的区别。可燃粉尘燃烧时有3个阶段:

第一阶段,表面被加热。

第二阶段,表面层气化,逸出挥发分。

第三阶段,挥发分发生气相燃烧。

2. 粉尘浓度和粒度对爆炸的影响

(1) 粉尘浓度。一般而言,粉尘爆炸下限浓度为 $20 \sim 60 g/m^3$,上限浓度介于 $2 \sim 6 kg/m^3$。

(2) 粉尘粒度。可燃物粉体颗粒大于 $400 \mu m$ 时,所形成的粉尘云不再具有可爆性。但对于超细粉体,当其粒度在 $10 \mu m$ 以下时则具有较大的危险性。应引起注意的是,有时即使粉体的平均粒度大于 $400 \mu m$,但其中往往也含有较细的粉体,这少部分的粉体也具备爆炸性。

3. 防治煤尘爆炸的技术措施

(1) 防尘措施。减少巷道内的沉积煤尘量并清除出井,是最简单有效的防爆措施。

(2) 杜绝着火源。消除着火源的主要技术措施有:

①保持矿用电气设备完好的防爆性能。

②加强管理，防止出现电气设备失爆现象。

③选用非着火性轻合金材料，避免产生危险的摩擦火花。

④胶带、风筒、电缆等常用的非金属材料必须具有阻燃、抗静电性能。

⑤采用阻化剂、凝胶或氮气防止煤柱、采空区残留煤发生自燃。

⑥加强瓦斯管理，防止瓦斯爆炸事故的发生。

（3）撒布岩粉法。定期向巷道周边撒布惰性岩粉，用它覆盖沉积在巷道周边上的沉积煤尘。在巷道风速很低时，岩粉层的黏滞性起到了阻碍沉积煤尘重新飞扬的作用。

第六章 煤矿水害防治技术

考点 1 矿井水害特征及主要勘探方法

1. 煤矿井下突水水源及涌水特征

煤矿井下突水水源及涌水特征见下表。

突水水源	涌水特征
大气降水	与降水特征、季节变化、开采深度有关
地表水	与距地表水体的距离、地表水体的大小和性质、地表水体下地层渗透性有关
岩溶水	与岩溶发育程度有密切关系
裂隙水	与裂隙的发育程度以及裂隙的成因和性质有关
孔隙水	与地表水体和大气降水的渗入强度有关
老窑积水	（1）水量大、来势猛、时间短，具有很大的破坏性。突水量以静储量为主且储量与采空区分布范围有关；当老窑水与其他水源有水力联系时，可造成量大而稳定的涌水，危害性极大 （2）老窑水为多年积水，水循环条件差，多为酸性水，对井下设备具有很强的腐蚀性，且含有大量硫化氢气体，对人体危害性也较大

2. 井巷地质、水文地质条件调查与分析的内容

（1）井巷地质现象与水文地质现象素描。

（2）矿井构造与裂隙测量、地质统计与地质作图。

（3）井下突水点水量、水压、水温、水化学组成及动态变化规律的观测与分析。

（4）矿压及其他动力地质现象的观测与分析。

3. 水文地质动态监测的内容

（1）矿井受水害威胁区水文地质动态变化情况。

（2）矿井所在地区降水量、矿井不同区域涌水量及其变化情况。

（3）矿井各含水层和积水区水位水压变化情况。

4. 矿井地球物理勘探方法

矿井地球物理勘探方法见下表。

勘探方法	适用对象
地震勘探技术	是弹性波地面探查构造及"不良地质体"的最有效方法
瞬变电磁（TEM）探测技术	是地面、井下探测含水层及其富水性、构造及其含水情况、老窑及其积水情况的主要手段
高密度高分辨率电阻率法探测技术	是地面、井下探测岩溶、老窑及其他地下洞体的首选方法
直流电法探测技术	可在地面及井下使用
音频电穿透探测技术	只应用于井下
瑞利波探测技术	探测对象是断层、陷落柱、岩浆岩侵入体等构造和地质异常体，以及煤层厚度、相邻巷道、采空区等，探测距离为80～100m，其优点是可进行井下全方位超前探测
钻孔雷达探测技术	通过钻孔（单孔或多孔）探查岩体中的导水构造、富水带等
地震槽波探测技术	可探明煤层内小断层的位置及延伸展布方向，陷落柱的位置及大小，煤层变薄带的分布，进行井下高分辨率二维地震勘探，探测隔水层厚度、煤层小构造及导水断裂等
矿井地震法	探测底板、侧帮及掘进工作面前方断层、裂隙发育带的位置，探测煤层小构造，对构造反应敏感
多方位矿井瞬变电磁法	对煤层顶底板、左右两帮及巷道超前富水性探测，对水反应敏感
高密度电阻率法	探测底板突水构造，评价岩层含水性；划分底板含水层；调查灰岩岩溶发育情况
矿井地质雷达法	探测所探测方向上断层构造，对构造进行精细探测

5. 基本水文地质监测

水害预报中，基本水文地质监测的内容有：

（1）矿井各含水层和积水区水位水压变化情况。

（2）矿井所在地区降水量、矿井不同区域涌水量及其变化情况。

（3）矿井受水害威胁区水文地质动态变化情况。

（4）矿井防排水设施运行状况。

（5）地面钻孔水位、水温监测等。

考点 2　老空水的探放

（1）采掘工作面遇有下列情况之一时，应当立即停止施工，确定探水线，实施超前探放水，经确认无水害威胁后，方可施工：

①接近水淹或者可能积水的井巷、老空或者相邻煤矿时。

②接近含水层、导水断层、暗河、溶洞和导水陷落柱时。

③打开隔离煤柱放水前。

④接近可能与河流、湖泊、水库、蓄水池、水井等相通的导水通道时。

⑤接近有出水可能的钻孔时。

⑥接近水文地质条件不清的区域时。

⑦接近有积水的灌浆区时。

⑧接近其他可能突（透）水的区域时。

（2）探放水钻孔的布置以不漏掉老空、保证生产安全和探水工作量最小为原则。探放水钻孔布置的参数有超前距、允许掘进距离、帮距和钻孔密度等。其中，帮距大多采用 20m，薄煤层可以适当减少至 8m。帮距一般与相同条件下的超前距相同。钻孔密度通常规定不得超过 3m，以防漏掉老空巷道。

（3）探放水钻孔的布置方式与巷道类型、煤层厚度和产状有关。一般情况下，钻孔之间的平面夹角为 7°～15°，主要布置方式有扇形布置和半扇形布置两种。

①扇形布置。主要应用在巷道处于三面受水威胁的地区，需要进行搜索性探放水的情况。该布置方式可以使巷道前方、左右两侧需要保护的煤层空间均处于钻孔控制之中。

②半扇形布置。主要应用在积水区确定位于巷道一侧的条件。该布置方式可以使巷道前方和一侧需要保护的煤层空间均处于钻孔控制之中。

23

考点 3　透水预兆

1. 一般预兆

（1）煤层变潮湿、松软；煤帮出现滴水、淋水现象，且淋水由小变大；有时煤帮出现铁锈色水迹。

（2）工作面气温降低，或出现雾气或硫化氢气味。

（3）有时可听到水的"嘶嘶"声。

（4）矿压增大，发生片帮、冒顶及底鼓。

2. 工作面底板灰岩含水层突水预兆

（1）工作面压力增大，底板鼓起，底鼓量有时可达 500mm 以上。

（2）工作面底板产生裂隙，并逐渐增大。

（3）沿裂隙或煤帮向外渗水，随着裂隙的增大，水量增加，当底板渗水量增大到一定程度时，煤帮渗水可能停止，此时水色时清时浊，底板活动使水变浑浊，底板稳定使水色变清。

（4）底板破裂，沿裂隙有高压水喷出，并伴有"嘶嘶"声或刺耳水声。

（5）底板发生"底爆"，伴有巨响，地下水大量涌出，水色呈乳白色或黄色。

3. 冲积层水的突水预兆

（1）突水部位发潮、滴水且滴水现象逐渐增大，仔细观察可以发现水中含有少量细砂。

（2）发生局部冒顶，水量突增并出现流砂，流砂常呈间歇性，水色时清时浊，总的趋势是水量、砂量增加，直至流砂大量涌出。

（3）顶板发生溃水、溃砂，这种现象可能影响到地表，致使地表出现塌陷坑。

4. 陷落柱与断层突水征兆

（1）与陷落柱有关的突水，一般先突黄泥水，后突出黄泥和塌陷物；断层沟通奥灰顶部溶洞的突水多是先突黄泥水，后突出大量的溶洞中高黏度黄泥和细砂或水夹泥砂同时突出；而断层沟通奥灰强含水层发生的突水，很少有突出大量黄泥的现象。

（2）与陷落柱有关的突水，来势猛、突水最大，突出物总量很大且岩性复杂；这种冲出大量突出物的现象，对断层突水来说，一般是极其少见的。

（3）与陷落柱有关的突水，塌陷物突出过程一般都是先突煤系中的煤、岩碎屑，后突奥灰碎块。在突水点附近巷道或采场的突出物剖面上，常见下部是煤、岩碎屑，上部或表面是徐灰或奥灰的碎块，突出物常表现出与地下水活动有关的特征。

考点4 水害防治

1. 防治水工作总体要求

（1）煤矿企业、矿井必须在探放水工作中做到"三专"，即专门探放水队伍、专业技术人员、专用探放水设备。水文地质条件复杂、极复杂的煤矿要设立专门防治水机构。

（2）应坚持"预测预报、有疑必探、先探后掘、先治后采"十六字原则，落实"探、防、堵、疏、排、截、监"等综合治理措施。

（3）应在查明矿井地质、水文地质条件的基础上，因地制宜地采取措施加以防治。

（4）应坚持先易后难，先近后远，先地面后井下，先重点后一般，地面与井下相结合，重点与一般相结合。

（5）应注意矿井水的综合利用，实现排、供结合，保护矿区地下水资源和环境。

2. 底板灰岩水防治措施

（1）利用底板隔水层带压开采。

（2）加厚和加固隔水底板。

（3）利用构造切割，分区治理。

（4）用注浆帷幕封堵缺口。

（5）留设防水煤柱。

（6）局部注浆止水。

（7）地面防渗堵漏。

（8）改变采煤方法。

（9）深降强排或多井联合疏降。

3. 老空（窑）水防治措施

（1）克服麻痹侥幸心理，避免疏忽大意。

（2）认真分析老窑积水的调查资料。

（3）制定合理有效的防治对策。

（4）严密组织探水掘进。

（5）特别注意近探近放和贯通积水巷道或积水区。

（6）重视自采自掘采空区废巷积水的探放。

（7）钻探、物探相结合。

4. 孔隙及裂隙水防治措施

（1）留设防水煤、岩柱。

（2）改变采煤方法。

（3）超前疏干。

（4）注浆堵水。

第七章　地压灾害防治技术

考点1　地压灾害

1. 地压灾害的常见类型

地压灾害的常见类型主要有采掘工作面或巷道的冒顶片帮、采场（采空区）顶板大范围垮落和冲击地压（岩爆）。

2. 冒顶的类型及防治

冒顶的类型及防治见下表。

冒顶	类型	支护方案
压垮型冒顶	由于垂直层面方向的顶板压力破坏支架而导致的顶板灾害。包括： (1) 基本顶来压时的压垮型冒顶 (2) 厚层难垮落顶板的大面积冒顶	(1) 支柱或支架的工作阻力应能支撑开采区域上方垮落带岩层的重量（支） (2) 支柱或支架的初撑力能限制顶板岩层之间的离层（切） (3) 支柱或支架能适应顶板的适当下沉（让） (4) 对难冒厚层坚硬顶板，应实施松动措施（挑）
漏冒型冒顶	由于已破碎顶板没有得到防护，受重力作用冒落而导致的冒顶。包括： (1) 大面积漏垮型冒顶 (2) 局部漏冒型冒顶：靠煤壁附近的局部冒顶、工作面两端的局部冒顶、放顶线附近的局部冒顶、地质破坏带附近漏垮型冒顶	(1) 选择支撑掩护或掩护式支架，适当缩小端面距，及时支护，必要时采取临时支护措施 (2) 支柱顶梁必须背严背实 (3) 遇到断层破碎带等围岩松动区域时，应考虑采用临时围岩加固措施，如化学加固、注浆加固、锚注加固等

· 27 ·

续表

冒顶	类型	支护方案
推垮型冒顶	由平行于层面方向的顶板力推倒支架而导致的冒顶。包括： （1）金属网下的推垮型冒顶 （2）复合顶板推垮型冒顶 （3）大块孤立顶板旋转推垮型冒顶 （4）冲击推垮型冒顶	（1）支柱或支架的初撑力应能限制顶板岩层的离层，并具有足够的切顶能力，限制岩层间的滑动 （2）支柱或支架的初撑力应保证网兜高度不超过150mm （3）尽可能采用整体支架，或支柱连锁

3. 地压灾害的预兆

（1）煤壁片帮。

（2）顶板下沉速度急剧增加，支柱载荷急剧增大。

（3）靠煤壁顶板断裂、掉碴。

（4）煤炮密集。

4. 预防掘进工作面顶板事故的措施

（1）根据掘进工作面围岩性质，严格控制控顶距；当掘进工作面遇到断层、褶曲等地质构造破坏带或层理裂隙发育的岩层时，棚子应紧靠掘进工作面。

（2）严格执行"敲帮问顶"制度，危石必须挑下，无法挑下时应采取临时支撑措施，严禁空顶作业。

（3）在地质破坏带或层理裂隙发育区掘进巷道时要缩小棚距，在掘进工作面附近应采用拉条等把棚子连成一体，防止棚子被推垮，必要时还要打中柱。

（4）掘进工作面冒顶区及破碎带必须背严接实，必要时要挂金属网防止漏空。

（5）掘进工作面炮眼布置及装药量必须与岩石性质、支架与掘进工作面距离相适应，以防止因爆破而崩倒棚子。

（6）采用"前探掩护支架"，使工人在顶板有防护的条件下出矸、支护，防止冒顶伤人。

考点 2 冲击地压

1. 冲击地压的特征

冲击地压是压力超过煤岩体的强度极限,聚积在巷道周围煤岩体中的能量突然释放,在井巷发生爆炸性事故,造成煤岩体震动和煤岩体破坏、支架与设备损坏、人员伤亡、部分巷道垮落破坏等。冲击地压的明显特征有:

(1) 突发性。冲击地压一般没有明显的宏观前兆而突然发生,难于事先准确确定发生的时间、地点和强度。

(2) 瞬时震动性。冲击地压发生过程急剧而短暂,伴随有巨大的声响和强烈的震动,震动波及范围可达几千米甚至几十千米,地面有地震感觉,但一般震动持续时间不超过几十秒。

(3) 巨大破坏性。冲击地压发生时,顶板可能有瞬间明显下沉,但一般并不冒落;有时底板突然开裂鼓起甚至接顶;常常有大量岩块突然破碎被抛出,堵塞巷道,破坏支架。从后果来看,冲击地压常常造成惨重的人员伤亡和巨大的生产损失。

(4) 复杂性。在自然地质条件上,除揭煤以外的各种开采都记录有冲击地压现象,采深从 200m 到 1 000m,地质构造从简单到复杂,煤层从薄煤层到特厚煤层,倾角从近水平到急斜,顶底板岩性包括砂岩、灰岩、油母页岩等都发生过冲击地压。

2. 冲击地压发生的具体原因

(1) 自然因素。最基本的因素是原岩应力,主要由岩体的重力和构造残余应力组成。

(2) 技术因素。开采引起局部应力集中,或者是由于开采历史造成的,如煤柱终采线造成的应力集中,传递到邻近的煤层。生产的集中化程度越高,应力集中越凸显,越容易发生冲击地压。开采设计或防治措施实施不到位,也是冲击地压危险增加的因素之一。尤其是在多煤层开采情况下,煤层群开采的相互影响及煤柱的应力集中叠加,是导致冲击地压的主要诱因。

(3) 管理因素。如采矿作业措施未到位,支架和技术装备未到位,没有选择有效的冲击地压预报仪器和防治装备等,导致冲击地压发生。

3. 煤岩冲击倾向性鉴定

有下列情况之一的,应当进行煤岩冲击倾向性鉴定:

(1) 有强烈震动、瞬间底(帮)鼓、煤岩弹射等动力现象的。

(2) 埋深超过 400m 的煤层,且煤层上方 100m 范围内存在单层厚度超过 10m 的坚硬岩层的。

（3）相邻矿井开采的同一煤层发生过冲击地压的。

（4）冲击地压矿井开采新水平、新煤层的。

4. 冲击地压预测的方法

冲击地压预测的方法见下表。

方法	内容
综合指数法	用于冲击地压危险程度分析与早期预警
钻屑法	检测指标包括钻屑量、深度和动力效应，该方法为局部监测方法
微震法	利用安设在煤岩体内的探测仪器接收、放大并记录采矿震动的能量，确定和分析震动的方向以及对震中定位来评价和预测冲击地压，该方法是一种区域性监测和预测预报的方法
声发射（地音）法	主要用来确定正在掘进的巷道或正在开采的采煤工作面的冲击地压危险
电磁辐射法	通过监测煤岩体的电磁辐射脉冲数及其幅值的变化，进行冲击地压危险性的预测，该方法是局部监测和预测方法

5. 冲击地压的防范措施

（1）采用合理的开拓布置和开采方式。开采冲击地压煤层时，在应力集中区内不得布置 2 个工作面同时进行采掘作业。2 个掘进工作面之间的距离小于 150m 时，采煤工作面与掘进工作面之间的距离小于 350m 时，2 个采煤工作面之间的距离小于 500m 时，必须停止其中一个工作面。

（2）开采保护层是防治冲击地压的有效和根本性区域性防范措施。

（3）煤层预注水是一种积极主动的区域性冲击地压防范措施。煤层注水有 3 种布置方式：①长钻孔注水法，注水钻孔之间的距离应为 10～20m；②短钻孔注水法，注水孔间距为 6～10m，注水钻孔的深度不小于 10m；③联合注水法，是上述两种方法的综合，注水压力不小于 10MPa。

（4）厚层坚硬顶板预处理。目前，比较有效的防范措施主要有注水软化顶板和爆破断顶。

（5）冲击地压安全防护措施。有冲击地压危险的采掘工作面，供电、供液等设备应当放置在采动应力集中影响区外。对危险区域内的设备、管线、物品等应当采取固定措施,管路应当吊挂在巷道腰线以下。冲击地压危险区域的巷道必须加强支护,采煤工作面必须加大上下出口和巷道的超前支护范围和强度。严重冲击地压危险区域,必须采取防底鼓措施。有冲击地压危险的采掘工作面必须设置压风自救系统,明确发生冲击地压时的避灾路线。

6. 冲击地压的解危措施

(1)爆破卸压。

(2)钻孔卸压。

(3)定向水力裂缝法。

(4)诱发爆破。

考点 3　井巷支护

1. 井巷支护的主要方式

(1)锚杆支护、锚喷支护与锚注支护。

(2)混凝土及钢筋(管)混凝土支护。

(3)棚状支架支护,主要有 U 型钢和工字钢金属支架支护。

2. 常用的锚杆支护的作用机理

(1)悬吊作用。

(2)组合梁作用。

(3)组合拱作用。

(4)围岩强度强化作用。

(5)最大水平应力理论。

(6)松动圈支护理论。

考点 4　矿山顶板事故的救护及处理

1. 抢救遇险人员方法

(1)顶板冒落范围不大时,如果遇险人员被大块矸石压住,可采用千斤顶、撬棍等工具把大块岩石顶起,将人迅速救出。

(2)顶板沿煤壁冒落,矸石块度比较破碎,遇险人员又靠近煤壁位置时,可沿煤壁方向掏小洞,架设临时支架维护顶板,边支护边施工,直到救出遇险人员。

(3)如果遇险者位置靠近放顶区,可沿放顶区方向掏小洞,架设临时支架,背帮背顶,或用前探棚边支护边掏洞,把遇险人员救出。

(4)冒落范围较小,矸石块度小,比较破碎,并且继续下落,矸石随扒随漏，在这种情况下处理冒顶和抢救人员时，可采用撞楔法处理，以控制顶板。

（5）分层开采的工作面发生事故，如果底板是煤层，遇险人员位于金属网或荆笆假顶下面时，可沿底板煤层掏小洞，边支护边掏洞，接近遇险者后将其救出；如果底板是岩石，遇险者位于金属网或荆笆假顶下面时，可沿煤壁掏小洞，寻找和救出遇险人员。

（6）冒落范围很大，遇难者位于冒落工作面的中间时，可采用掏小洞和撞楔法处理。当时间长、不安全时，也可采取另掘开切眼的方法处理，边掘进边支护。

（7）如果工作面两端冒落，把人堵在工作面内，采用掏小硐和撞楔法穿不过去，可采取另掘巷道的方法，绕过冒落区或危险区将遇险人员救出。

2. 冒顶事故的处理方法

（1）局部小冒顶的处理。回采工作面发生冒顶的范围小，顶板没有冒实，而顶板矸已暂时停止下落，一般采取掏梁窝、探大梁，使用单腿棚或悬挂金属顶梁处理。

（2）局部冒顶范围较大的处理。一种是伪顶冒落直接顶未落，一般采取从冒顶两端向中间进行探梁处理；另一种是直接顶冒落，而且冒落区碎矸石不停地沿煤壁空隙往下运动，一般采取打撞楔的办法处理。

（3）大冒顶的处理。缓倾斜薄煤层和中厚煤层，尤其是中厚煤层处理工作面大冒顶的方法基本上有两种：一是恢复工作面的方法，二是另掘开切眼或局部另掘开切眼的方法。

第八章　爆破安全技术

考点 1　爆破作业方法

1. 基建剥离爆破

基建剥离爆破有以下两种方式:

(1) 破碎松动爆破。主要特点是爆破后岩体大部分破碎在原地形成爆堆,少部分岩体产生位移。

(2) 抛掷爆破。主要特点是岩体经爆破破碎后发生较大的位移,并且在装药硐室处形成爆破漏斗。根据抛掷程度有抛扬爆破、抛塌爆破。

2. 生产台阶正常爆破

生产台阶正常采掘爆破方法包括浅孔爆破、深孔爆破、药壶爆破和外敷爆破。

(1) 浅孔爆破:在小型矿山的台阶爆破和大型矿山的辅助性爆破,如开出人沟、修路、处理根底及不合格大块等,其直径在 50mm 左右。

(2) 深孔爆破:露天矿台阶正常采掘爆破常用的方法,该方法分为齐发爆破、毫秒爆破。

(3) 药壶爆破:可以克服较大的底盘抵抗线,减少钻孔工作量,通常在工作困难的条件下使用。

(4) 外敷爆破:不钻孔进行的大块二次爆破或根底处理。

考点 2　爆破安全警戒

1. 爆破安全警戒应遵守的规定

(1) 必须有安全警戒负责人,并向爆破区周围派出警戒人员。

(2) 爆破区域负责人与警戒人员之间实行"三联系制"。即爆破区负责人向警戒人员发出第一次信号,确认警戒人员到达警戒地点,所有与爆破无关人员撤出警戒区,设备撤至安全地带,然后警戒人员向爆破区负责人发回安全信号,爆破区负责人令起爆人员作起爆预备;起爆预备完成后,向警戒人员发出第二次信号,然后再向起爆人员发出起爆命令,进行起爆;起爆后,确认无危险时,爆破区负责人和起爆人员进入爆破区进行检查,无问题后,向各警戒人员发出解除警戒信号。

(3) 因爆破发生中断生产事故时,应立即报告矿调度室,采取措施后方可解除警戒。

• 33 •

2. 爆破安全警戒距离要求

（1）抛掷爆破（孔深小于 45m）：爆破区正向不得小于 1 000m，其余方向不得小于 600m。

（2）深孔松动爆破（孔深大于 5m）：距爆破区边缘，软岩不得小于 100m，硬岩不得小于 200m。

（3）浅孔爆破（孔深小于 5m）：无充填预裂爆破，不得小于 300m。

（4）二次爆破：炮眼爆破不得小于 200m。

3. 机电设备距爆破区外端的安全距离

（1）机车等机动设备在警戒范围内且不能撤离时，应采取安全措施；与电杆距离不得小于 5m，在 5～10m 时，必须采用减震爆破。设备设施距松动爆破区外端的安全距离（单位：m）见下表。

设备名称	深孔爆破	浅孔及二次爆破	备注
挖掘机、钻孔机	30	40	司机室背向爆破区
风泵车	40	50	小于此距离应当采取保护措施
信号箱、电气柜、变压器、移动变电站	30	30	小于此距离应当采取保护措施
高压电缆	40	50	小于此距离应当拆除或者采取保护措施

（2）设备、设施距抛掷爆破区外端的安全距离：爆破区正向，不得小于 600m；两侧有自由面方向及背向，不得小于 300m；无自由面方向，不得小于 200m。

考点 3　爆炸物品的安全管理

（1）《煤矿安全规程》规定，建有爆炸物品制造厂的矿区总库，所有库房贮存各种炸药的总容量不得超过该厂 1 个月生产量，雷管的总容量不得超过 3 个月生产量。没有爆炸物品制造厂的矿区总库，所有库房贮存各种炸药的总容量不得超过由该库所供应的矿井 2 个月的计划需要量，雷管的总容量不得超过 6 个月的计划需要量。单个库房的最大容量：炸药不得超过 200t，雷管不得超过 500 万发。

（2）在井筒内运送爆炸物品时，应当遵守下列规定：

①电雷管和炸药必须分开运送；但在开凿或者延深井筒时，符合《煤矿

安全规程》规定的，不受此限。

②必须事先通知绞车司机和井上、下把钩工。

③运送电雷管时，罐笼内只准放置1层爆炸物品箱，不得滑动。运送炸药时，爆炸物品箱堆放的高度不得超过罐笼高度的2/3。采用将装有炸药或者电雷管的车辆直接推入罐笼内的方式运送时，车辆必须符合《煤矿安全规程》的规定。使用吊桶运送爆炸物品时，必须使用专用箱。

④在装有爆炸物品的罐笼或者吊桶内，除爆破工或者护送人员外，不得有其他人员。

⑤罐笼升降速度，运送电雷管时，不得超过2m/s；运送其他类爆炸物品时，不得超过4m/s。吊桶升降速度，不论运送何种爆炸物品，都不得超过1m/s。司机在启动和停绞车时，应当保证罐笼或者吊桶不震动。

⑥在交接班、人员上下井的时间内，严禁运送爆炸物品。

⑦禁止将爆炸物品存放在井口房、井底车场或者其他巷道内。

第九章　煤矿机电运输安全

考点1　矿井供电系统

1. 电力负荷分类

（1）一类负荷。凡因突然停电可能造成人身伤亡或重要设备损坏或给生产造成重大损失的负荷为一类负荷，如主要通风机、提升人员的立井提升机、井下主排水泵、高瓦斯矿井的区域通风机、瓦斯泵以及上述设备的辅助设备等。

（2）二类负荷。因突然停电可能造成较大经济损失的负荷为二类负荷，生产设备多为二类负荷，如非提升人员的主提升机、压风机以及没有一类负荷的井下变电所等。对大型矿井的二类负荷，一般采用具有备用电源的供电方式。

（3）三类负荷。不属于一、二类负荷的所有负荷都属于三类负荷，如生产辅助设备、家属区、办公楼、机修厂等。

2. 矿井电压等级

（1）高压：①10kV 地面变电所的电源电压；②6kV 大型设备的主要动力用电电压及下井电压。

（2）低压：①1 140V 综采工作面的常用动力电压；②660V 井下采掘运输等设备的动力用电电压；③380V 地面低压动力用电电压；④220V 地面照明或单相电器的用电电压；⑤127V 井下煤电钻、照明及信号装置的用电电压；⑥36V 矿用电器控制回路常用电压。

考点2　电气设备操作与停送电安全技术

1. 一般规定

（1）井上下不准带电检修、搬迁电气设备（包括电缆，但机组电缆、装煤机、综掘机等的拖拽电缆除外），检修或搬迁时必须切断电源。

（2）执行停送电工作的必须是经考试合格，且有合格证的配电室值班员或本采区电钳工，其他人员禁止操作或执行停送电工作。

（3）在进行检修或搬迁前，必须用同电源电压相适应的合格的验电笔验电，确认无电后再将导体对地完全放电（井下必须先检查瓦斯，在其巷道风流中甲烷浓度低于 1.0% 时方准放电），并按规定要求安装短路接地线后方可工作。

（4）所有开关手把在切断电源时都应闭锁，并悬挂"禁止合闸，有人工作"的警告牌，只有执行此项工作的人员才有权摘下警告牌并送电，其他人员无权操作。

（5）掘进供电必须执行"三专""两闭锁"，即专用变压器、专用开关、专用线路供电，风与电、瓦斯与电闭锁。一台专用变压器只允许负担同一个采区内的4台局部通风机。专供系统必须专人负责，严禁随意停送专供系统，专供系统停电检修必须征得通风部门同意。

（6）无论井上下，在检修或搬迁完毕后，必须对设备详细检查，确认无问题后方可结束工作票，发出送电命令，即认为线路或设备已经带电，严禁再在线路上进行任何工作。

（7）接受送电命令的人员必须清楚发令人的要求，不清楚不得执行停送电工作。

（8）在送电之前，地面降配电人员要详细检查工作票是否结束。井下地区电钳工要详细检查被送电的电气设备、线路是否有"三无""失爆"问题存在，风电、瓦斯电闭锁是否正确，瓦斯浓度是否允许，否则禁止送电。

2. 掘进工作面停送电操作

在掘进安装、更换、拆除电气设备或线路时，除遵守一般规定外，还必须遵守以下规定：

（1）掘进工作面停送电工作，必须由熟悉本工作面供电系统的合格的电钳工进行，其他人员不得执行停送电工作。

（2）掘进工作面停送电，必须事先和有关单位人员取得联系，并向矿调度汇报，允许后方可进行。

（3）在送电之前，操作人员必须详细检查设备、开关状态是否正常，闭锁是否正确，本工作面瓦斯检查工是否同意，并交给送电牌，否则不准送电。

（4）在设备线路上进行工作时，必须到上一级开关办理停送电手续，并悬挂"有人工作，禁止送电"的警告牌，其他人员不得更改摘牌。

（5）风机停止运转时，连锁开关必须能切断供风区域内全部电源，瓦斯检查人员必须立即命令停止工作、撤出人员。

（6）掘进工作面每班完工后，生产队组必须指定专人将其连锁开关停电，并加锁。

（7）127V手持式电气设备必须使用综合保护，操作手把和工作中必须接触的部分应有良好的绝缘，否则不准操作。

3. 采煤工作面的停送电操作

采煤工作面停送电工作，除遵守一般规定外，还应遵守以下规定：

（1）采煤工作面的停送电工作，必须由熟悉本工作面供电系统的合格的电钳工进行。

（2）在工作面进行电气设备或机械设备检修时，必须有专人到上一级开关办理停送电手续，并悬挂"有人工作，禁止送电"的警告牌，其他人员不得随意更改摘牌。

（3）采煤工作面遇到穿洞时，必须遵守掘进的停送电规定。

（4）在设备上检修，必须在停电状态下进行，不准带电作业，不准带电打开防爆盖。如必须进行带电打开时，要制定安全措施，经主管工程师批准后进行。

（5）当遇到主风机停风后，工作面电气维护人员必须及时了解本工作面的电源是否切断，并协助安检员、瓦检员撤人，应得到瓦斯检查工允许后方可送电。

（6）操作千伏级电气回路时，操作人员必须戴绝缘手套或穿绝缘靴。

（7）操作127V手持电气设备时，操作手把必须保持良好的绝缘。

考点3 防爆电气设备的标志

1. 标志

防爆电气设备的总标志为 Ex，安全标志为 MA。

2. 型式

各种类型的防爆电气设备的标志，如 d 表示隔爆型电气设备。

3. 类别

按使用环境的不同，将防爆电气设备分为Ⅰ类、Ⅱ类。Ⅰ类专门适用于煤矿井下，Ⅱ类用于地面工厂具有非甲烷外的混合物爆炸环境中。

4. 级别

主要针对隔爆型和本质安全型电气设备，分为ⅡA、ⅡB、ⅡC三级。

5. 组别

针对Ⅱ类电气设备，按照运行时允许的最高表面温度分为 T1～T6 共6组。

考点4 运输安全技术

（1）在大于16°的倾斜井巷中使用带式输送机，应设置防护网，并采取防止物料下滑、滚落等的安全措施。

（2）轨道运输时，把钩工上岗必须做到"五不挂"：安全设施不齐全、不可靠不挂；信号联系不通不挂；重车装得不标准不挂；连接装置不合格不挂；绞车道有人不挂。

（3）2辆机车或者2列列车在同一轨道同一方向行驶时，必须保持不少于100m的距离。

（4）新投用机车应当测定制动距离，之后每年测定1次。运送物料时，制动距离不得超过40m；运送人员时，制动距离不得超过20m。

（5）矿井提升运输中，人力推车时，推车工必须按照规定距离保持车距，听看并用，防止推车伤人或被人伤。同向推车时，在轨道坡度小于或等于5‰时，车距不得小于10m；坡度大于‰时，车距不得小于30m。

（6）刮板输送机司机必须在机头两侧1.5m外操作刮板输送机，严禁在刮板输送机机头正前方开动刮板输送机。

（7）巷道内安设带式输送机时，输送机距支护或喧墙的距离不得小于0.5m。

第十章 露天开采煤矿地质灾害防治技术

考点 1 露天开采工艺

（1）露天开采 4 个主艺主要包括钻孔、爆破、采装与运输、排岩。

（2）钻孔方法主要包括热力破碎钻孔和机械破碎钻孔两种。

（3）露天煤矿钻孔、爆破作业必须编制钻孔、爆破设计及安全技术措施，并经矿总工程师批准。

（4）特大型矿山选用斗容量 $8 \sim 10 m^3$ 或更大的挖掘机，大型矿山的挖掘机斗容量为 $4 \sim 10 m^3$，中型矿山的挖掘机斗容量为 $2 \sim 4 m^3$，小型矿山的挖掘机斗容量为 $1 \sim 2 m^3$。

（5）推土机推土时，掌子边缘要留有高 $0.5 \sim 1.0 m$、宽 $2.0 \sim 2.5 m$ 的土堤，保证矿用卡车卸土时的安全，排土时推土板不应超过掌子边缘。排土场地要留有 $2\% \sim 3\%$ 的反坡。排土场边缘要设有 $0.5 \sim 1.0 m$ 的安全土挡。

考点 2 露天矿灾害及防治

（1）岩质边坡的破坏类型可分为滑坡、崩塌和滑塌等几种。

（2）边坡滑坡的影响因素见下表。

影响因素	具体内容
自然因素	①岩层岩性；②岩体结构；③风化程度；④水文地质；⑤气候与气象；⑥地震
人为因素	①坡体开挖形态；②坡体内部或下部开挖扰动；③工程爆破；④坡顶堆载；⑤降水或排水；⑥破坏植被

（3）露天矿不稳定边坡治理方法见下表。

类型	方法
削坡与压坡脚	①缓坡清理；②上部减重，压坡脚
增大或维持边坡岩体强度	①疏干排水；②爆破滑面；③破坏弱面，回填岩石；④爆破减震；⑤预裂爆破；⑥注浆
锚固与支挡	①预应力锚杆（索）加固；②抗滑桩支挡；③挡墙；④超前挡墙法

考点 3　排土场灾害及防治

1. 排土场灾害的影响因素

（1）基底承载能力。

（2）排土工艺。

（3）岩土力学性质。

（4）地下水与地表水。

2. 排土场事故防治

（1）选择合适的场址建设排土场。

（2）改进排土工艺。

（3）处理软弱基底。

（4）疏干排水。

（5）修筑护坡挡墙和泥石流消能设施。

（6）排土场复垦。

第十一章 矿山救护

考点 1 煤矿应急救援

（1）煤矿企业必须建立应急演练制度。应急演练计划、方案、记录和总结评估报告等资料保存期限不少于 2 年。

（2）所有煤矿必须有矿山救护队为其服务。井工煤矿企业应当设立矿山救护队，不具备设立矿山救护队条件的煤矿企业，所属煤矿应当设立兼职救护队，并与就近的救护队签订救护协议；否则，不得生产。

（3）矿山救护队到达服务煤矿的时间应当不超过 30min。

（4）任何人不得调动矿山救护队、救援装备和救护车辆从事与应急救援无关的工作，不得挪用紧急避险设施内的设备和物品。

（5）煤矿发生险情或者事故后，现场人员应当进行自救、互救，并报矿调度室；煤矿应立即按照应急救援预案启动应急响应，组织涉险人员撤离险区，通知应急指挥人员、矿山救护队和医疗救护人员等到现场救援，并上报事故信息。

（6）矿山救护队在接到事故报告电话、值班人员发出警报后，必须在 1min 内出动救援。

（7）矿山救护队是处理矿山灾害事故的专业应急救援队伍。矿山救护队必须实行标准化、军事化管理和 24h 值班。

（8）矿山救护大队应当由不少于 2 个中队组成，矿山救护中队应当由不少于 3 个救护小队组成，每个救护小队应当不少于 9 人组成。

考点 2 自救与现场急救

（1）煤矿井下发生灾害事故后，现场人员应坚持"立即汇报，积极抢救，安全撤离，妥善避灾"的行动原则。

（2）对中毒或窒息人员，立即将伤员从险区抢运到新鲜风流中，并安置在顶板良好、无淋水和通风正常的地点。

（3）矿工烧伤的急救要点可概括为灭、查、防、包、送 5 个字。

（4）对骨折者，首先用毛巾或衣服作衬垫，然后就地取用木棍、木板、竹笆片等材料做成临时夹板，将受伤的肢体固定后，抬送医院。对受挤压的肢体，不得按摩、热敷或绑止血带，以免加重伤情。

（5）如发现有人触电，应立即切断电源。迅速观察伤员有无呼吸和心跳。如发现已停止呼吸或心音微弱，应立即进行人工呼吸或胸外心脏按压。

42

考点 3　灾变处理

（1）进入灾区的救护小队，指战员不得少于 6 人，必须保持在彼此能看到或者听到信号的范围内行动，任何情况下严禁任何指战员单独行动。所有指战员进入前必须检查氧气呼吸器，氧气压力不得低于 18MPa；使用过程中氧气呼吸器的压力不得低于 5MPa。发现有指战员身体不适或者氧气呼吸器发生故障难以排除时，全小队必须立即撤出。指战员在灾区工作 1 个呼吸器班后，应当至少休息 8h。

（2）矿山救护队在高温区进行救护工作时，救护指战员进入高温区的最长时间不得超过下表的规定。

温度（℃）	40	45	50	55	60
进入时间（min）	25	20	15	10	5

（3）处理矿井火灾事故，应当遵守下列规定：

①控制烟雾的蔓延，防止火灾扩大。

②防止引起瓦斯、煤尘爆炸。必须指定专人检查瓦斯和煤尘，观测灾区的气体和风流变化。当甲烷浓度达到 2.0% 以上并继续增加时，全部人员立即撤离至安全地点并向指挥部报告。

③处理上、下山火灾时，必须采取措施，防止因火风造成风流逆转和巷道垮塌造成风流受阻。

④处理进风井井口、井筒、井底车场、主要进风巷和硐室火灾时，应当进行全矿井反风。反风前，必须将火源进风侧的人员撤出，并采取阻止火灾蔓延的措施。多台主要通风机联合通风的矿井反风时，要保证非事故区域的主要通风机先反风，事故区域的主要通风机后反风。采取风流短路措施时，必须将受影响区域内的人员全部撤出。

⑤处理掘进工作面火灾时，应当保持原有的通风状态，进行侦察后再采取措施。

⑥处理爆炸物品库火灾时，应当首先将雷管运出，然后将其他爆炸物品运出；因高温或者爆炸危险不能运出时，应当关闭防火门，退至安全地点。

⑦处理绞车房火灾时，应当将火源下方的矿车固定，防止烧断钢丝绳造成跑车伤人。

⑧处理蓄电池电机车库火灾时，应当切断电源，采取措施，防止氢气爆炸。

⑨灭火工作必须从火源进风侧进行。用水灭火时，水流应从火源外围喷射，逐步逼向火源的中心；必须有充足的风量和畅通的回风巷，防止水煤气爆炸。

（4）处理瓦斯（煤尘）爆炸事故时，应当遵守下列规定：

①立即切断灾区电源。

②检查灾区内有害气体的浓度、温度及通风设施破坏情况，发现有再次爆炸危险时，必须立即撤离至安全地点。

③进入灾区行动要谨慎，防止碰撞产生火花，引起爆炸。

④经侦察确认或者分析认定人员已经遇难，并且没有火源时，必须先恢复灾区通风，再进行处理。

（5）处理水灾事故时，应当遵守下列规定：

①迅速了解和分析水源、突水点、影响范围、事故前人员分布、矿井具有生存条件的地点及其进入的通道等情况。根据被堵人员所在地点的空间、氧气、瓦斯浓度以及救出被困人员所需的大致时间制定相应救灾方案。

②尽快恢复灾区通风，加强灾区气体检测，防止发生瓦斯爆炸和有害气体中毒、窒息事故。

③根据情况综合采取排水、堵水和向井下人员被困位置打钻等措施。

④排水后进行侦察抢险时，注意防止冒顶和二次突水事故的发生。

（6）处理顶板事故时，应当遵守下列规定：

①迅速恢复冒顶区的通风。如不能恢复，应当利用压风管、水管或者打钻向被困人员供给新鲜空气、饮料和食物。

②指定专人检查甲烷浓度、观察顶板和周围支护情况，发现异常，立即撤出人员。

③加强巷道支护，防止发生二次冒顶、片帮，保证退路安全畅通。

（7）处理冲击地压事故时，应当遵守下列规定：

①分析再次发生冲击地压灾害的可能性，确定合理的救援方案和路线。

②迅速恢复灾区的通风。恢复独头巷道通风时，应当按照排放瓦斯的要求进行。

③加强巷道支护，保证安全作业空间。巷道破坏严重、有冒顶危险时，必须采取防止二次冒顶的措施。

④设专人观察顶板及周围支护情况，检查通风、瓦斯、煤尘，防止发生次生事故。

（8）处理露天矿边坡和排土场滑坡事故时，应当遵守下列规定：

①在事故现场设置警戒区域和警示牌，禁止人员进入警戒区域。

②救援人员和抢险设备必须从滑体两侧安全区域实施救援。

③应当对滑体进行观测，发现有威胁救援人员安全的情况时立即撤离。